食物と健康の科学シリーズ

# だしの科学

的場輝佳
外内尚人
[編]

朝倉書店

# 執筆者


※的場輝佳　奈良女子大学名誉教授
※外内尚人　味の素株式会社 バイオファイン研究所
二宮くみ子　味の素株式会社 グローバルコミュニケーション部
西村敏英　女子栄養大学栄養学部 教授
黒林淑子　長谷川香料株式会社 技術研究所
奥井　隆　株式会社奥井海生堂 社長
荻野目　望　株式会社にんべん 研究開発部
松本美鈴　大妻女子大学家政学部 教授
青柳康夫　女子栄養大学栄養学部 教授
藤島義之　一般財団法人 バイオインダストリー協会 企画部
仲田雅博　学校法人 大和学園 京都調理師専門学校 校長
畝山寿之　味の素株式会社 グローバルコミュニケーション部
水田栄之助　山陰労災病院循環器科 部長
真部真里子　同志社女子大学生活科学部 教授
山本　茂　十文字学園女子大学大学院 教授
笹野高嗣　東北大学大学院歯学研究科 教授
佐藤しづ子　東北大学大学院歯学研究科 助教
山崎英恵　龍谷大学農学部 准教授
園部晋吾　株式会社平八茶屋 社長


（執筆順・※は編者）

# はじめに

日本料理（和食）を最も特徴づける“だし”は，昔から日本人の食生活に深く根をおろし，日本人の食嗜好の根幹ともなっている．“だし”は決して料理の主役になることはないが，“だし”がなければ多彩な風味のおいしい料理にはならない．

近年では，飽食時代を迎えて久しく，食のグローバリゼーションやライフスタイルの変化とともに，次世代を担う若者たちは簡便でインパクトのあるファーストフードに馴染み，和食の魅力が軽視されている傾向にある．

一方，2013年，和食がユネスコ無形文化遺産に登録されて，にわかに国の内外から注目を集めることとなった．和食の魅力は，多種多彩な山海の食材の持ち味を生かした調理，季節感に溢れた美しい盛り付け，お節料理に代表される年中行事との関わり，そして栄養バランスが良いことにある．1980年代の半ば，日本人の平均寿命が世界一になり，海外から日本型食生活が健康に良いと評価されたのをきっかけに，和食ブームが徐々に浸透し始め，これと並行して，海外でも“だし”に対する理解が次第に深まってきた．“日本のだし”は，昆布，鰹節，煮干しに代表されるが，実は海外にも，フォン，ヴィヨン，湯（たん）などの油分の多い濃厚な“だし”がある．これらはいずれも料理のおいしさの下味に寄与し，世界各地の料理を特徴づける源になっている．

“うま味”についての研究の発展も，“だし”の魅力が海外の人々に広がる原動力になっている．“うま味”は“だし”の根幹をなす味であるが，以前は，海外の人には理解されない味であった．しかし，この味が，昔からの基本味（甘味，酸味，塩味，苦味）に加わる第5番目の基本味であることが，わが国の研究者によって証明され，世界のアカデミアがこれを認めてきた．現在では，国際的にUmamiという言葉が用いられ，海外でも一般に使われはじめている．

本書『だしの科学』は，「食物と健康の科学シリーズ」の一冊として企画した．日本人として健康で豊かな食生活を営むために，健康に良い和食を支える“だし”

の多様な機能をしっかり理解することが必要不可欠である．本書では，だしの機能を広く捉え，自然科学の視点に基盤を置きつつ，生活文化，調理学，産業，教育の視点も加え，だしの全体像が理解できるよう，各分野の専門家から，執筆していただいた．

食品学的視点からは，味成分と香り成分の化学および官能特性についてまとめた．近年，だしの持つ嗜好的機能以外に，健康増進に係わる機能も明らかにされつつあり，“だし”の構成成分に対する栄養学や医学・生理学的な新しい“だし”の機能について，最新の研究成果や情報を紹介した．また，文化的視点から，うま味発見の歴史や国内外におけるだしと食文化との相互関係・寄与についても示した．さらに，伝統的なだし素材について文化的・歴史的背景や新しいうま味調味料の生産方法，これらを使った“だしの取り方”について解説し，だしの魅力を次世代に継承することの意義とその活動事例についても記載した．

本書は，専門分野や得意の分野を越えて「だしの機能」に関する総合的な情報を提供している．食の研究・教育に携わる先生方，食を学びつつある大学生や院生，食品の製造・開発に従事している技術専門家，栄養指導や健康教育を担う方をはじめ，一般消費者など，食に関心を持たれているすべての方々の参考になれば幸いである．

本書を刊行するに当たり貴重な時間をご執筆いただいた先生方各位，出版に至るまでに多大なご尽力をいただいた朝倉書店編集部の諸氏に心から感謝申し上げます．

2017年4月

的場輝佳
外内尚人

# 目　次

# 1 だしの文化

## 1.1 和食とだし

近年，食のグローバル化が進んだとはいえ，世界には，各民族固有の風土で培われた民族独自の食嗜好（食文化）がある．フランス料理，イタリア料理，中華料理，インド料理，トルコ料理，メキシコ料理，韓国料理など，周辺地域の影響を受けているにもかかわらず，それぞれの地域の料理が存在し，世界の人々は自分の地域の料理に慣れ親しみつつ，変化を求めて違った料理も楽しむ．旅をして異国の料理や地方の郷土料理に触れて喜びを感じるのも，ローカルな伝統料理に食の源流があるからかもしれない．

1995年の阪神・淡路大震災や2011年の東日本大震災の時に，被災者がご飯とみそ汁，うどん，おでん，芋煮，豚汁などに深い満足感と安らぎを感じたという逸話や，海外に滞在した時の和食に対する願望などは，日本人の食嗜好が「ふるさとの料理」に深く根を下ろしていることを物語っている．食文化は，気候や風土など地域的特徴によって大きな影響を受ける．日本の国土は，周囲が海に囲まれ南北に長い列島である．森林率がきわめて高く（約70%），かつ人口密度が高い．気候は，北海道や沖縄を除いて温暖湿潤気候（ケッペンの気候区分：Cfa）に区分され，気温の年較差が大きく，四季の変化が顕著なのが特徴である．夏季が高温多湿で，国土のほとんどが山岳地帯で広大な耕地がないことを考えると，稲作が最適な農業であり，小麦や牧畜には適さない．また，人口密度が高く，生活の基盤が海側に集中しているため，食材を魚介類に依存するのは必然であった．このような気候風土の中で，米を主食とし，魚類，豆類，芋類，野菜類などを副食とした「日本型食生活」が育まれてきた（表1.1）．昆布，鰹節，煮干し，干し

**表 1.1**　日本型食生活の食材

| 食材 | 区分 |
|---|---|
| 米（めし） | 主　食 |
| 魚介類<br>野菜類（根菜，葉菜）<br>豆類（主に大豆）<br>海藻類<br>その他 | 副　食 |
| お茶（緑茶） | 飲　料 |

**表 1.2**　和食の歴史背景の概要

| 時代 | 内容 |
|---|---|
| 縄文・弥生 | 狩猟から農耕へ（米，作物の栽培） |
| 飛鳥・奈良 | 和食の原型（米，野菜，魚介類など）<br>食肉禁止令（675 年），大陸と交流が盛ん |
| 平　安 | 大饗料理，『延喜式』の編纂 |
| 鎌倉・室町 | 精進料理，豆腐，湯葉，麸，茶の湯，懐石料理，<br>一汁一菜，**“だし”の出現** |
| 江　戸 | 料理茶屋，料理本，砂糖，醤油 |
| 明治～ | 食肉再開宣言（1871 年），西洋料理，中華料理，<br>和洋折衷料理 |

椎茸などの“だしの風味”を食材の下味にして味噌，醤油などの発酵調味料で調味した，世界に類を見ない和食が継承されてきた[1-3]．本章では，和食の背景を探り，和食を支える“だしの魅力”について考えてみたい．

### 1.1.1　和食の歴史

和食の歴史的背景の概要を，『日本の食文化年表』を参照して表 1.2 にまとめた[4]．遺跡から出土した遺物や木簡，あるいは古文書などの史実から明らかなように，今日の和食の原型は既に弥生時代に見られ，飛鳥，奈良時代の支配者層の食卓には，現代に匹敵する豊富な食材（穀類，魚介類，家禽類，野菜類，果実類，豆類，香辛料など）が登場していた（表 1.3）[5]．

加工食品についてみてみると，魚介類は主として干物や塩物が中心で，肉類は乾燥したものである．酪農はほとんど行われていなかったので乳製品は少なく，わずかに蘇や酪がある程度である．穀類で日本酒も造られ，現在の味噌，醤油の原型である醤（ひしお）もあったと思われる．香辛料はショウガ，ワサビ，サンショウなどで，香味の強いものはあまり使われていなかった．古代の食材からだしの原点を探ってみると，魚類の素干し，火干し，ゆで干し（カツオ），ゆで汁（カツオ），昆布，ワカメなど海藻類，塩辛や醤などが使われていたことから，だしとなる素材があったのは確かである．しかし，今日のようなだしをベースにした料理があったのかどうかはわからない．当時の料理は食材をそのまま加熱（煮る，焼くなど）して，わずかな調味料とともに素朴な味を楽しんだと想像される．本格的なだしの出現は，昆布で室町時代，鰹節で江戸時代と，歴史的には新しい．

これらの食材や加工技術の多くは，奈良時代に始まった中国大陸との活発な交

**表 1.3**　木簡・古文書に見られる食材と加工品（文献[5]より一部改変）

| 分類 | 品目 |
|---|---|
| 「食　材」 | |
| 魚介類 | タイ，カツオ，アジ，イワシ，サバ，カマス，カレイ，ヒラメ，ボラ，アユ，フナ，コイ，ウナギ，サケ，マス，イカ，ナマコ，アワビ，ウニ，カキ，カニ，シジミ，ハマグリ，サザエなど |
| 鳥獣類 | キジ，ウズラ，カモ，イノシシ，シカ，ウサギなど |
| 穀　類 | 米（白米，赤米，黒米），オオムギ，コムギ，アワ，ヒエなど |
| 豆　類 | ダイズ，アズキ，ササゲ，ソバ，ゴマなど |
| 野菜類 | カブ，ダイコン，ニンジン，ナス，キュウリ，ウリ，チシャ，フキ，セリ，ニラ，ワラビ，ヨメナ，イタドリ，ノビル，ジュンサイ，サトイモ，サツマイモ，マツタケなど |
| 果実類 | ナシ，カキ，ウメ，モモ，ミカン，タチバナ，ビワ，クリ，ナツメ，クルミなど |
| 海草類 | コンブ，ワカメ，メカブ，モズク，ヒジキ，アラメ，ノリ，アオサなど |
| 香辛料 | カラシ，ショウガ，サンショウ，ワサビ，コショウ，ハッカ，コリアンダーなど |
| 「加工品」 | |
| 魚介類 | 干物，背開き，素干し，ゆで干し（鰹），火干し，塩煮，鮨（なれ鮨），塩辛，魚醤など |
| 鳥獣類 | 乾燥肉，塩漬，塩辛など |
| 乳　類 | 蘇など |
| 穀　類 | 糒，焼米，餅，酒など |
| 野菜類 | 乾物（ズイキ），漬物（塩漬，酢漬，醤漬など） |
| 豆　類 | 炒り大豆，納豆（塩納豆），煎餅，麺類など |
| 調味料 | 塩，醤，荒醤，末醤，酢，飴，蜜など |
| 果　実 | 酒，カチグリなど |

流を通してわが国に持ち込まれ，わが国の気候風土と生活文化に馴染んで発展し全国各地に広がり，今日の和食の源流となっている．平安時代になり都が京都に遷ると大陸との交流は途絶え，公家社会の中で中国の影響を受けない日本的な国風文化が醸成して有職故実など雅な様式美が形成され，食文化にも反映された．武家社会の鎌倉時代になると，新仏教や中国（宋）から禅宗などが庶民にも広まった影響で，生活が素朴で質素になった．美食を戒め，植物性食材で調理した精進料理が広まったことは，昆布などのだしが生まれるきっかけとなった．室町末期から安土桃山時代にかけては茶道が興隆し，それに伴って懐石料理や一汁一菜の様式など，今日の和食の原形が形成された．江戸時代になると海外との大きな交流は途絶えるが，江戸や大坂などで独自の町人文化が花開き，料理茶屋の隆盛，料理本の出版，鰹節（本枯節），醤油，砂糖などの流通が見られた．一方，農村部では，各藩が農民の貧しさの中にあっても研鑽を積んで，地域の農産物を栽培し郷土の食文化を育んだ．明治になって一気に海外の食文化が導入され，食肉再開

宣言（1871年）もあって，西洋料理や中華料理，さらには和洋折衷料理も広まった．しかし，明治以前に食肉が全く食されていなかったわけではない．野生の動物を捕獲するなどして，ひっそりと肉料理を楽しんでいた．第二次世界大戦後，高度経済成長とともに冷蔵冷凍庫，ガス・電気調理器具，加工食品，調理済み食品などの開発普及によって家庭の調理作業が簡便になった反面，調理が苦手な人が増え，和食離れや食の中食・外食化が進み，日常的な食生活の質が問われる時代になっている．

「和食とは何か」を定義し分類することは難しい．人それぞれの生まれてからの生活環境や生活文化が同じではないからである．しかし，「和食を最も特徴づけるのは“だし”である」ことは誰も否定しないであろう．自分が生まれ育ったふるさとの料理こそ，和食のルーツと言えないだろうか．

日本の食の歴史についての記述された優れた冊子がある．興味のある方はそれらを参照していただければ幸いである[5-10]．

### 1.1.2　だ　し

#### a.　味

だしとは何か．『広辞苑』には「出し汁の略」と記述されている．『新版 総合調理科学事典』（日本調理科学会編）には，「うま味成分を多く含む食品（食材）を水に浸漬，または煮だした成分を溶出させた汁．だし汁ともいう．」とある．だしとは，料理のおいしさを支える“だし汁”をはじめ，これの風味に寄与する成分も“だし”と広く捉えたい．味噌や醤油も広義には“だし”と考えたい．

だしの根幹をなす“うま味”は，昔からの基本味（甘味，酸味，塩味，苦味）に加えて，第5番目の基本味であると日本の研究者たちが提唱し，世界で認められるようになった和食の味である．“うま味”は英語で“Umami”と称し，国際的な学術雑誌でも立派に通用し，世界のシェフたちもこの用語を使う．うま味の標準物質は昆布から分離されたグルタミン酸で[11]，最初に発見されたうま味物質である．また，鰹節からイノシン酸が[12]，干し椎茸からグアニル酸が[13]，貝類からコハク酸が[14]，いずれも日本人によって見出されたうま味物質である．さらに，グルタミン酸がイノシン酸またはグアニル酸と共存するとうま味強度が飛躍的に増加することも見出されている（うま味の相乗作用）[15]．日本人は，経験をもとに，昆布と鰹節の“合せだし”，昆布と干し椎茸の“精進だし”などの混合だし，“魚の昆布締め”など，うま味の相乗作用が科学的に解明される前から，この作用を知っていて料理に生かしてきた．だしのおいしさへの寄与には，うま味物質は必要条件であるが，これ以外に種々のアミノ酸やペプチド，糖類，脂質なども呈味性は弱くとも影響を与え，個性的なだしを生み出す．特に，香気成分の効果は顕著で，家庭の台所や料亭の厨房から漂うだしの香りは，だしを使った料理の魅力である．これらの香りは，種々の成分が加熱によって交互に反応し生成するもので，料理の風味づけにきわめて重要である．

**b. 香　り**

日本人は，口の中で感じたおいしさを味覚と考える傾向が強い．実際には，“無意識のうちに味と香り（におい）を同時に感じている”ことを意識している人は少ない[16, 17]．例えば，オレンジジュースとグレープフルーツジュースを鼻をつまんで飲んでみると両者の区別がつかないどころか，おいしさも感じられない．ところが，鼻から手を離してみると一瞬にしてフレッシュな香りと味が生き返ったように感じるはずである．このように食べ物を口に入れた時，舌で味覚を感じると同時に口腔内の鼻腔を介してにおい（香り）を感じている．私たちは，このにおいと味とが一体になったものを食べ物の味と受け取っている．食べ物の“味の違い”を決めているのは，味よりも香り（におい）の効果が大きい．また，食べ物の“好き”“嫌い”で，“嫌い”の原因は“におい”であることが多い．「牛肉は好きだが豚肉は嫌い，魚が嫌い，干し椎茸の精進だしは嫌い」などの原因は，それぞれの食材のにおいによる．

味がよくわかり舌が肥えているとされる人は，味覚もさることながら嗅覚も優れていて，微妙な香りを的確に識別する能力を持っているように思われる．食べ物のおいしさを楽しむポイントは，香りを意識した味覚を楽しむことにあるといえないだろうか．香りの閾値は味覚に比べてきわめて低い．食べ物の香りは，味覚に比べてごくわずかな量で感知しているのである．

うま味物質（グルタミン酸，イノシン酸，グアニル酸など）には，強いうま味はあるが香りはない．昆布や鰹節で引いた“天然だし”は，顆粒状の風味調味料のものよりはるかにおいしい．これは昆布や鰹節から出る香りが優れているからで，天然だしの風味が食材の風味を引き立てているのである．全国各地の多彩なだし，鰹節，鮪節，宗田節，鯖節，うるめ節，煮干し，焼き飛魚，焼き鮎，干し貝柱，干し椎茸，干瓢などにおいても，これらの香りの違いがだしの特徴となっていることが多い．郷土料理の煮物の香り，温かいご飯の香り，ショウガやユズ，木の芽などの香り，味噌や醤油の香りなど，これらは，日本人を癒してくれる食べ物の風味である．欧米料理や中華料理には，和食と違った香りがあり，香りがそれぞれの料理を特徴づける要因でもある．

### c. 和風だし

食材（農産・水産・畜産物）には，含量に違いこそあれ必ずうま味物質，グルタミン酸が含まれている．これらの食材を使った料理の味は，うま味がベースになっている．例えば，チーズやトマトには多量にグルタミン酸が含まれている．東南アジアの魚醤や中国の豆板醤などにも，グルタミン酸のうま味効果はある．動植物を含めて食材中のタンパク質を構成するアミノ酸で最も組成量が多いのはグルタミン酸（グルタミンを含む）である．したがって，食材中には一定量のグルタミン酸が遊離の状態で存在し，うま味に寄与していることは天の恵みといえよう．また，動物食材にイノシン酸が，キノコや発酵用酵母にグアニル酸が含まれうま味のもとになっている．

和風だしは，はたしてわが国独自のものだろうか．外国には，フォン，ヴィヨン，湯（たん）などのだしに類似したスープがある．これらは，生の動物から時間をかけて加熱抽出されたもので，油分が多く濃厚で香り（におい）も強いので，多彩なスパイスなどを使って食材の風味と競い合うような料理に仕上がる．例えばイタリアのスープ状野菜の煮物（ミネストローネ）は，油気もありトマトの味付けでかなり強い香りがある．ロシアのボルシチ（赤カブスープ）には，生クリームやチーズがトッピングされている．タイのトムヤンクンは，スパイシーでスープに油が浮かんでいる．各国で広く使われている鶏がらスープは，油分が多くて濃厚である．

一方，“和食のだし”は，乾燥した植物・魚介類（昆布，鰹節，煮干し，干し椎茸など）から抽出したもので，雑味がなく癖のない風味でうま味が下味になっており，少量に塩や醤油で風味を整えただけで，食材の風味を生かした料理に仕上がる．このように，和風のだしで仕上げた料理は，食材の形・色・風味を壊さないので個々の食材の個性を楽しむことができる．しかし，外国の“だし風だし”

で仕上げた料理は，食材の特徴を失って総合的な風味になっており，明らかに両者は異なる．和食のだしを使った椀物の“炊き合わせ”や“澄まし汁”は，外国の料理には見られない．また，わが国に自生している麹菌（*Aspergillus oryzae*）を活用した醤油，味噌，味醂などの発酵調味料はわが国独自のもので，和食の調味になくてはならない．このような控えめな風味のだしが日本人の食嗜好に定着した理由の一つは，日本の気候・風土で培われた純粋で繊細な感性に加えて，以下の宗教的背景もあるだろう[18]．

古来，日本では仏教の影響などで，畜肉や鶏肉の摂取が禁じられていた．675年（天武4年）に天武天皇が制定した「食肉禁止令」から1871年（明治4年）明治政府による「食肉再開宣言」までの1200年にわたる肉食忌避の食習慣は，和食の形成に無関係ではなかったと思われる．また，禅宗の山門前には，「不許葷酒入山門」（葷酒（くんしゅ）山門に入るを許さず）と表示された碑がみられる（図1.1）．葷酒とは，ネギ，ニンニク，ニラ，ラッキョウなど，においの強い野菜と酒のことで，僧侶の修行の妨げとなるこれらを山門（寺院）内に持ち込むことを禁じていた．

**図1.1**　山門前の「不許葷酒入山門」の碑（黄檗宗大本山萬福寺，宇治市）（筆者撮影）
“葷酒（くんしゅ）山門に入るを許さず”と読む．葷酒とはニンニクやニラなどの臭いの強い野菜と酒のことで，「強い臭いの食べものや酒を飲食した者が寺に入ってはいけない」との戒め．

「不許葷辛酒肉入山門」（京都・法然院）のように葷酒以外に辛いものや肉類にも禁制を明記しているもの，単に「禁葷酒」（各地）と明記した碑などもある．この禁制を受けて，一般庶民も僧侶たちの食習慣に追従し，今日世界に見られる“強い香りを生かした料理”を受け入れない食嗜好が定着したと思われる．また，精進料理の影響もあって，控えめな味と香りのだしが野菜のおいしさと風味を引き出すことに有効であることも継承されてきたのである．日本の郷土料理を代表する“お惣菜”は，“だし”で調味した日本特有の野菜料理である．日本の“だしの文化”は精進料理が支えてきたと考えられる．

また，現在も受け継がれている浄土真宗の報恩講（親鸞が亡くなった日の法事）で振る舞われる“お斎（とき）（精進料理）”は，野菜だけでだしを取り塩と醤油だけで調味されている[19]．

世界の主な料理体系の中で，ニンニクを調味料として使わないのは日本料理だけである．フランス料理，イタリア料理，トルコ料理，中国料理，韓国料理，インド料理など，いずれも調味料にニンニクは必要不可欠である．わが国においては，老舗料亭の料理や家庭のお惣菜などにもニンニクは調味料として使われることはない．上述した「不許葷酒入山門」の仏教の戒めが根本にあるからだと考えられる．ただし一部の地域では，魚のたたきに添えたり，味噌たれなどの薬味に利用されている．また，農作業の重労働からの疲労回復や風邪予防などの薬のように食されているところもある．

ニンニクなどに含まれる含硫化合物（硫黄を含む物質）は加熱調理の際にアミノカルボニル反応などの成分間反応が起こり，こく味を伴う肉様の独特の風味を呈することが知られている[20]．将来，このような特徴を生かして和食の調理にも日常的にニンニクが用いられる時代が来るかもしれない．

### 1.1.3　和食の食材

#### a.　水と米

わが国は，きれいな水に恵まれている．日本のほとんどの地域の水は軟水で，しかも水量が豊富で水質もよく飲料，料理に適している[21]．軟水で炊いた米は，硬水の場合に比べて炊飯過程で米粒内部への吸水・浸透がスムースであるため，日本人好みのふっくらとしたおいしい“めし”になる[22]．また，だしやお茶（緑茶）にも軟水が良い．癖のない軟水は，食材の持ち味を壊さないので，煮物，吸い物，茹で物など野菜などをベースにした日本料理に欠かせない．一方，欧米諸国の大半の水は硬水である．欧米の料理は，硬水にマッチした調理法によるとされていて，シェフたちは日本のように水の質にはあまりこだわらない．“だし”の項でも述べたように，肉類を食材のベースにして油分が多くスパイスを利かせた濃厚な風味の料理はパワフルで，水の質に影響を受けないのかもしれない．

和食の主食，ご飯（めし）は“粒食”の代表である．白米と水を釜（鍋）に入れて炊けば出来上がり，めしのおいしさは，米と水の質で決まる．最もシンプルな調理・加工操作である．日本人が好んで食べるめしは，水のように癖がなく，多種多彩な料理と風味を受け入れてくれる素地がある．多くの日本人がおいしい料理を目の当たりにした時，“炊き立てのご飯が欲しい”と感じることは，日本人の食嗜好にめしが定着していることを示している．

また，米（めし）は，日本料理はもとよりあらゆる料理（中華料理，フランス料理，イタリア料理，インド料理など）とも嗜好的相性が良い．この相性の良さは，同じ穀類でも小麦やトウモロコシなどの粉食には見られない．このことは多種多彩な食材を摂取するためのパートナーとしてめしが優れていることを示しており[23]，和食が健康に良いとの根拠の一つである．なお，日本人が好むジャポニカ種（短粒米）はふっくら炊きあがり風味に癖がない．世界で広く栽培されているインディカ種（長粒米）は，香りやテクスチャーに癖がある．ジャポニカ種は世界的に見てマイナーであるが，栽培が日本の気候に適していて，淡白な風味を好む日本人の嗜好に合わせて品種改良されてきた．

### b. 野　菜

かつて，来日したフランス料理の著名なシェフに以下の質問をしたことがある．「最近の若者は和食離れにある．和食を残すべきか，和食の価値は？」と．答えは「絶対残すべきだ．和食献立の特徴は，魚や野菜の料理にある．世界の料理の中で，和食ほど使用する魚の種類，加工法（生から干物，佃煮まで），料理法が多様で多彩なものはない．野菜についても同様だ．これらは健康増進に寄与する食材だ．これから日本で魚と野菜料理を学んで健康に良いフランス料理を作る」と，魚と野菜の魅力を語ったことがあった．

疫学調査によると，野菜の摂取量が多い国民は，ガンや虚血性心疾患による死亡率が低いとされている．厚生労働省は，「健康日本21」の中で，野菜を1日1人当たり350 g以上摂取することを勧めている．ポリフェノール，抗酸化性ビタミン，食物繊維などが含まれているからである．野菜は加熱調理した方がボリュームも小さくなり，料理の種類も多彩になるので，楽しみながら多くの野菜を摂取できる[24]．生野菜だけで，厚生労働省が勧める毎日350 gを摂取するのはとても無理である．お惣菜など加熱した野菜料理は，伝統的で地域性があり最も日本的な郷土料理である．野菜料理のおいしさを引き出すにはだしが必要である．だしを利かせると，野菜の風味を生かすことができる．

わが国は山間部が入り組んでいて気候・地形・土壌の質が多様であるため，それぞれの耕地に適合した個性的な野菜が栽培できる環境にある．今日国内で栽培されている野菜のほとんどは，アフリカや南米などの原産地から中国大陸，朝鮮半島，東南アジアなどを経緯して渡来し，日本の耕地環境に馴染んで，地域の食嗜好に合わせて品種改良され定着したものである．しかし，近年，“一代雑種(F1)”品種の出現など育種技術の開発やハウス栽培の普及などで，収穫量は安定した一方で，季節感に溢れ地域に根づいた個性的な野菜が駆逐され，消費者が求める多様な野菜のおいしさ・風味を楽しめなくなったとの懸念がある．今日，このような野菜品種の画一化に対する反動として，昔から地域で栽培されていた地場伝統野菜が見直され，地域のブランド野菜（京野菜，信州野菜，江戸東京野菜など）が登場するようになった．

野菜の料理についていえば，生もの，煮物，揚げ物，炒め物，お浸し，酢の物，鍋物，汁物など料理が多彩で，干物，漬物（糠漬，塩漬，酢漬，しょう油漬，味噌漬，辛子漬，麹漬，粕漬）などと加工法も多様である．おそらく，動物性食材に恵まれなかった昔，特に，山間部の貧しい人たちが身近で採れる野菜をおいしく食べるための創意工夫があったからだろう．

**c.　魚介類**

わが国は南北に長く周囲が海に囲まれ，暖流と寒流が混じり合う海域は世界三大漁場の一つで，豊富な魚種と漁獲量で食生活を支えている[25]．また，内陸の湖沼や河川に生息する淡水魚なども郷土料理の食材となっている．これまで，世界の海を回遊する魚がわが国の沿岸を近づく季節に合わせて漁をしていたが，近年では，遠洋漁業や養殖など栽培漁業も行われている．わが国の漁業産業界が世界に誇るべきことに，魚介類が捕獲されてから食卓に上るまでの流通システムの衛生管理がある．魚介類がこれほど新鮮にかつ丁寧に扱われて流通する国はわが国をおいて他にない．伝統的な魚食文化に支えられているからだろう．

魚介類は野菜と同様，和食の食材を特徴づけていることに加えて，次のような健康増進効果がある．魚油を構成する脂肪酸（n-3系，EPAやDHA）に血小板凝集抑制作用と血管拡張作用（心疾患，脳血栓予防），ある種のガンの抑制，乳児の脳の活性化，肥満防止（脂肪細胞の形成を抑制）などが期待されている．また，海藻類には，食物繊維としての効果以外に，抗菌性，抗ウイルス性，抗腫瘍性，血圧降下作用，血清コレステロール低下作用，抗血液凝固性などの効果が期待されている[26]．これら魚介類は特有の風味（生臭さ）のため，これまで欧米人から敬遠されがちであったが，健康志向の風潮に沿って，欧米の食卓に登場する機会が増えると予想される．

魚介類の料理には，さしみ，焼き物，煮物，フライ，酢締め，鍋物（魚ちり，石狩鍋など），汁物（潮汁など），漬物（へしこ，鮒ずしなど），干物（一夜干し，味醂干しなど），佃煮などがある．また，野菜料理についても同様であるが，多様な食材の特徴を生かすため，包丁（菜きり，薄刃，出刃，刺身，寿司など）や調理器具（土鍋，蒸籠，おろし金，すり鉢，料理箸，櫛，笊など）の種類も大変多く，道具にこだわり，手間暇のかかる下拵えに労を厭わないことも見逃せない．これらのことからも，米に加えて野菜と魚介類は，和食を特徴づける食材であることが明らかである．

### 1.1.4 和食と健康

和食が健康に良いと言われている要因を探ってみたい．まず，PFC比を指標に和食の栄養バランスを見てみる．この指標は，摂取カロリーに対するタンパク質（protein）・脂質（fat）・炭水化物（carbohydrate）の構成比率である．

伝統的な日本型食生活は，米を主食に，魚介類・野菜類・豆類などを副食としたものである（表1.1）．これをPFC比で見てみると，昔の食事は炭水化物（米やイモ類から）の摂取が過剰で，タンパク質がやや不足，脂質が摂取不足で栄養バランスが悪かった．太平洋戦争が終わった後，1980年頃，経済成長とともに食生活が豊かになり，昔からの伝統的な日本食をベースに，畜肉や家禽肉，乳製品，

**表 1.4** 和食副菜の健康増進成分

| | |
|---|---|
| 魚　類 | EPA，DHA |
| 野菜類 | 抗酸化性ビタミン，ポリフェノール，ミネラル，食物繊維 |
| 大　豆 | 大豆タンパク質，イソフラボン |
| 海藻類 | ミネラル，食物繊維 |
| 緑　茶 | カテキン |

鶏卵などが加わり栄養バランスが向上し，PFC 比が WHO の推奨する理想の数値となり，わが国は世界の長寿国になった．それで，欧米諸国では理想のエネルギー比にある日本型食生活に注目し，日本食や回転すしブームが起こった．

ところが 1980 年代以降，わが国の食事献立が急速に欧米化し，理想のエネルギー比が崩れ（炭水化物摂取の減少，脂質摂取の増加），生活習慣病の増加が懸念されている．特に，若者世代でこの傾向が顕著である．その理由は，ダイエット志向，偏食や不規則な食生活に加えて和食離れにあるとされている．

和食の副食（魚，野菜，大豆などの料理）には，生活習慣病の予防に有効な健康増進成分が含まれている（表 1.4）[26]．現代の飽食時代では日本型食生活は粗食とみられるが，健康の維持・増進の面からみれば逆に贅沢な献立なのである．世界から高く評価されている日本型食生活とは 1980 年前後の食生活であって，炭水化物の摂取割合が減少している現在の食生活でも，タンパク質や脂質の摂取が不足していた昔の食生活でもない[27]．日本型食生活，和食への回帰には，だしが必要なのである．しかし，和食の味つけにはだしに加えて塩味が必要で，食塩の使用を抑えた調理法の工夫が必要である．ちなみに，日本人の食塩摂取量は，中国や韓国とともに世界のトップレベルにあり，欧米人の摂取量は明らかに少ない[28]．厚生労働省は，健康を維持するために食塩の摂取量を抑えることを勧告している（男性：9 g 未満/日，女性：7.5 g 未満/日）．

以前から，うま味成分（グルタミン酸）には，減塩効果（塩分濃度を下げても，下げる前の塩味と同じ満足度がある）があることが知られている[29]．最近，だしにはグルタミン酸より強い減塩効果があることが示された[30, 31]．鰹だし特有の味は，塩味を実際の塩分濃度以上に強く感じさせる効果を有しており，また，鰹だしの香りだけでも，減塩効果があることが明らかにされている．このように，だしを利かせれば，減塩してもおいしい和食が楽しめることになり，だしの健康増進効果を示している．

最近，うま味嗜好・感度と各生活習慣病との関係について，うま味感度が低下すると女性で有意に肥満になることが報告された[32]．また，うま味感度に障害があると甘味嗜好が強くなり肥満を呈する可能性があることを示唆する報告もある[33]．このことは，うま味に触れる機会が少ないと，甘味嗜好になり肥満になることを示唆しており，最近のわが国における若者の和食離れが甘味嗜好傾向に拍車をかけることが懸念される．

近年，欧米諸国の料理人たちは，美食に向かうだけでなく健康増進を考慮した献立を創作する傾向にある．すでに，日本料理から学んだ魚や野菜を多用した新しい献立が多く生み出されている．

### 1.1.5 和食の献立

#### a. 四季の影響

和食は季節の変化を敏感にとらえ，全国各地域の四季折々の山海の幸（旬の野菜や旬の魚介類）を巧みに調理した季節感あふれる料理である．日本には明確な四季がある．昔から，暦の上で1年を4分割（春夏秋冬）し，それぞれを6分割した二十四節気（春：立春，雨水，啓蟄，春分，清明，穀雨，　夏：立夏，小満，芒種，夏至，小暑，大夏，　秋：立秋，処暑，白露，秋分，寒露，霜降，　冬：立冬，小雪，大雪，冬至，小寒，大寒）が季節の節目節目を表す言葉として親しまれ，微妙で繊細な季節感が生活の中に浸透している．日本人は手紙や日常の挨拶で季節や気候を表す言葉を使い，俳句では季語を楽しむ．外国では見られない遊び心である．二十四節気は今日のような気象情報がなかった時代から，農作業のみならず行事を決める暦として大切にされてきた．生活の中に“ハレ”（あらたまった日）と“ケ”（普段の日）があり，特にハレには，種々の行事食（正月料理や節句料理など）を楽しみ，地域の風土に馴染んだ食文化が継承されている．

#### b. 料亭料理

老舗料亭の料理について，京料理を例にして触れてみたい[18]．和食の基盤となる調理技法や料理の考え方などと継承されているからである．京料理は伝統的な日本料理（有職料理，精進料理，本膳料理，懐石料理，会席料理，京のおばんざいなど）を巧みに取り入れて京都風に完成され，今日の洗練された日本料理の手本となるものである．季節感に加えて五色，五味，五法，五感をバランスよく料理に盛り込み，見た目，風味・食感，部屋のしつらえや雰囲気作りに工夫を凝らし，客に楽しんでいただくことが“おもてなし”であるとしている[34, 35]．

五色は「青，黄，赤，白，黒」，五味は「甘，酸，鹹，苦，辛」，五法は「生，焼，焚，揚，蒸」，五感は「視覚，聴覚，嗅覚，味覚，触覚」である．例えば，五色について見てみると，一皿（椀）の盛り付けの中で，一色の食材だけでなく五色の食材をうまく配置して色彩の調和を演出する．また，松花堂弁当の場合は弁当全体に，懐石料理の場合は先付から水物（デザート）に至るまで一連の料理に，色のバランスを考え，客に飽きさせないようにしている．このことは，五味（飽きない味）や五法（変化のある調理法）などについても同様である．家庭の手作り弁当の彩りで，赤色にサケ，ニンジン，梅干しが，緑（青）色にキュウリやコマツナが，黄色に玉子が，黒色に椎茸が使われ，ご飯の白色で全体をまとめており，五色を考えた昔からのセンスと言えよう．

料理人は季節をテーマに献立を考える．旬の食材にこだわるのは，料理に季節感を表現するためである．旬の食材の持ち味を生かすために，だしを下味にして，少量の醤油（主に淡口）と塩で風味を整える．必要に応じて味醂，酒，味噌も使う．香りや色のアクセントに，“吸口”（サンショウ，ユズ，カボスなど）を使う．“だしの良し悪しが京料理の味を決める”と，だしの引き方に精魂を傾ける．主に，昆布，鰹節あるいは鮪節から，また，精進ものには昆布と干し椎茸からだしを引く．特に，昆布にこだわり，だしに濁りが出ない上品な風味のある利尻昆布を好んで使う店が多い．だしの引き方はそれぞれの店で異なり，料理人の個性と感性でだしの風味も変わる．この違いが料亭の味の評判を作っている．また，料理人は，個々の食材の持ち味（特徴）を最大限に引き出しおいしく調理することが“食材を活かす”ことであると考えている．調理の過程で丹念にアクをとり雑味を消して，個々の食材の色や形，風味を残している．このことが“食材を活かす”ことで，だしは必要不可欠だと料理人は考えている．

**c.　郷土料理**

今日，ライフスタイルの変化とともに食嗜好が多様になっているとはいえ，日本各地の伝統的な郷土料理は，地域の気候風土の中で培われてきた和食の源流と言えるものである．特に，節句や農作業などに関わる行事食や日常のお惣菜など

**表 1.5** 郷土料理百選

| 都道府県 | 料理 | 都道府県 | 料理 |
|---|---|---|---|
| 北海道 | ジンギスカン，石狩鍋，ちゃんちゃん焼き | 大阪府 | 箱寿司，白みそ雑煮 |
| 青森県 | いちご煮，せんべい汁 | 兵庫県 | ボタン鍋，いかなごのくぎ煮 |
| 岩手県 | わんこそば，ひっつみ | 奈良県 | 柿の葉寿司，三輪そうめん |
| 宮城県 | ずんだ餅，はらこ飯 | 和歌山県 | 鯨の竜田揚げ，めはりずし |
| 秋田県 | きりたんぽ鍋，稲庭うどん | 鳥取県 | かに汁，あごのやき |
| 山形県 | いも煮，どんがら汁 | 島根県 | 出雲そば，しじみ汁 |
| 福島県 | こづゆ，にしんの山椒漬け | 岡山県 | 岡山ばらずし，ままかり寿司 |
| 茨城県 | あんこう料理，そぼろ納豆 | 広島県 | カキの土手鍋，あなご飯 |
| 栃木県 | しもつかれ，ちたけそば | 山口県 | ふく料理，岩国ずし |
| 群馬県 | おっきりこみ，生芋こんにゃく料理 | 徳島県 | そば米雑炊，ぼうぜの姿寿司 |
| 埼玉県 | 冷汁うどん，いが饅頭 | 香川県 | 讃岐うどん，あんもち雑煮 |
| 千葉県 | 太巻き寿司，イワシのごま漬け | 愛媛県 | 宇和島鯛めし，じゃこ天 |
| 東京都 | 深川丼，くさや，もんじゃ焼き | 高知県 | かつおのたたき，皿鉢料理（さわちりょうり） |
| 神奈川県 | へらへら団子，かんこ焼き | 福岡県 | 水炊きがめ煮 |
| 新潟県 | のっぺい汁，笹寿司 | 佐賀県 | 呼子イカの活きづくり，須古寿し |
| 富山県 | 鱒寿司，ぶり大根 | 長崎県 | 卓袱料理（しっぽくりょうり），具雑煮 |
| 石川県 | カブラ寿司，治部煮（じぶに） | 熊本県 | 馬刺し，いきなりだご，からしれんこん |
| 福井県 | 越前おろしそば，さばのへしこ | 大分県 | ブリのあつめし，ごまだしうどん，手延べだんご汁 |
| 山梨県 | ほうとう，吉田のうどん | 宮崎県 | 地鶏の炭火焼き，冷や汁 |
| 長野県 | 信州そば，おやき | 鹿児島県 | 鶏飯（けいはん），きびなご料理，つけあげ，黒豚のしゃぶしゃぶ |
| 岐阜県 | 栗きんとん，ほう葉みそ | 沖縄県 | 沖縄そば，ゴーヤーチャンプルー，いかすみ汁 |
| 静岡県 | 桜えびのかき揚げ，うなぎの蒲焼き | | |
| 愛知県 | ひつまぶし，味噌煮込みうどん | | |
| 三重県 | 伊勢うどん，手こね寿司 | | |
| 滋賀県 | ふな寿司，鴨鍋 | | |
| 京都府 | 京漬物，賀茂なすの田楽 | | |

“ふるさとの料理”に，地域の食の豊かさを感じる[36]．農林水産省は2007年に，全国各地の農山漁村で受け継がれ，かつ“食べてみたい！食べさせたい！ふるさとの味”として，国民的に支持されうる郷土料理を「郷土料理百選」に選定した（表1.5）．

また，地域の生活と食を丹念に聞き書きして編纂している『日本の食生活全集（全50巻）』に，都道府県別の“ふるさとの料理”がまとめられている[37]．郷土色に溢れた“だし”が，多種多彩な食材に使われていて“郷土の味”が受け継がれていることがよくわかる．

### 1.1.6 和食の継承

近年，海外で日本料理に人気が集まっているにもかかわらず，わが国では伝統的な和食の要であるご飯，味噌汁，漬物，魚介類や野菜類の摂取量は減少傾向にある．特に，子供たちや若者たちの“和食離れ”が問題である．飽食時代を迎えて久しく，食のグローバリゼーションやライフスタイルの変化とともに，昔のように，家庭の中で世代にわたる料理（わが家の味）が継承されていないことに加えて，若者たちは簡便で風味にインパクトのあるファーストフードに慣れ親しんで，和食の魅力を知らないで過ごしているように思われる．家庭における“料理離れ”は和食の継承を妨げ，若者たちの“和食離れ”に拍車をかけている．

2013年12月に和食がユネスコ無形文化遺産に登録された．世界はわが国に対して，和食とそれに関連する文化の継承を強く求めている[38]．世界に類を見ない“和風だし”を，日本の伝統風味として残したい．和風だしの文化が消えてしまえば，将来，世界の人たちが和食のおいしさを楽しむ機会を失うことになる．農産物は固有の品種を未来に残すため，それぞれの遺伝子がジーンバンクで保存されている．和食だし文化も，かけがえのない“文化的遺伝子”として保存し継承したい．

次世代に和食文化を継承するための出発点は，子供たちや若者たちに和食の魅力を伝えることである．地域で世代をこえて広範囲な食育活動を展開することが重要である．健康増進や郷土の食文化，地産地消や食の安全性など，多方面の多彩なグループが連携し地道で継続的な活動が和食文化の継承に繋がると考える．なかでも，子供たちが食材に触れ，調理を体験して，食の大切さを本能的に体得することこそ，食育の原点である[39]．子供たちが学校で学んだ和食の魅力を家庭で父兄に伝え，家族とともに和食を楽しむようになることを期待したい．家庭や地域単位での“和食のバトンタッチ”が大切だと思う．時には家族で“だし”を引いて，台所から“だしの香り”が漂う「わが家のハレの日」があれば楽しい．

### ま と め

食材を生かした和食のおいしさを支えているのは，風味が控え目な“だし”である．食のグローバリゼーションとともに，うま味をベースにした和食“だし”は，その味わいの深さが認識され世界に広がっており，将来，世界の料理に“だし”が使われる機会も増えるだろう．一方で，和食“だし”も，多彩で風味の強い世界の料理の影響を受けて進化すると思われる．これまで，日本の食文化は，海外から色々なことを受け入れ，馴染んで独自の文化を構築してきた．しかし，柑橘類以外のフルーティーな香り，サンショウ，コショウ，ゴマ以外のアニス，バニラ，シナモン，ハーブ類などの香り，乳製品の香りなどは，和食には馴染んでいない．料理の香りは，世界各地の料理に対するアイデンティティの一つでもある．

異文化が交流すると新しい文化が生まれ，伝統文化にも磨きがかかることは，世界の歴史をみれば明らかである．食の文化も同様である．“だし”を基盤にした和食文化のこれからの推移を見守りたい．

**［的場輝佳］**

## 文献

1) 熊倉功夫，伏木 亨監修（2012）．だしとは何か，アイ・ケイコーポレーション．
2) 河野一世（2009）．だしの秘密―みえてきた日本人の嗜好の原点，建帛社．
3) 柴田書店編（2006）．だしの基本と日本料理―うま味のもとを解きあかす，柴田書店．
4) 東四柳祥子，江原絢子編（2011）．日本の食文化史年表，吉川弘文堂．
5) 奥村彪生（2016）．日本料理とは何か―和食文化の源流と展開，農村魚村文化協会．
6) 樋口清之（1960）．日本食物史―食生活の歴史，柴田書店．
7) 原田信男（2005）．和食と日本文化―日本料理の社会史，小学館．
8) 江原絢子，石川尚子ほか（2009）．日本食物史，吉川弘文館．
9) 熊倉功夫（2007）．日本料理の歴史，吉川弘文館．
10) 原田信男（2014）．和食とは何か―旨味の文化をさぐる，角川ソフィア文庫．
11) 池田菊苗（1909）．新調味料に就いて．東京化学会誌，**30**：820-836.
12) 小玉新太郎（1913）．イノシン酸の分離方法，東京化学会誌，**34**：751-757.
13) 國中 明（1960）．核酸関連物質の呈味作用に関する研究，日本農芸化学会誌，**34**：489-492.
14) 青木 克（1932）．貝類中の琥珀酸の存在について，日本農芸化学会誌，**8**：867-868.
15) S. Yamaguchi（1970）．The synergistic taste effect of monosodium glutamate and disodium 5'-inosinate. *J Food Sci*, **32**：473-478.
16) 諸江辰男（1979）．食品と香料，東海大学出版会．
17) 真部真里子，的場輝佳（2008）．調理加工における食品の味覚の仕組み．食と味覚（ネスレ栄養科学会議監修），pp.99-136，建帛社．
18) 的場輝佳（2012）．日本のだしについて．だしとは何か（熊倉功夫，伏木 亨監修），pp.67-78，アイ・ケイコーポレーション．
19) 清 絢（2011）．現代における真宗の報恩講と斎―北陸地方の事例報告，仏教文化史叢（大谷大学日本仏教文化研究会），8号．
20) 上田要一（2004）．だし中の“こく”，“あつみ”成分の研究．日本味と匂学会誌，**11**：197-200.
21) 日下 譲，竹村成三（1990）．生活と水．化学と工業，**43**：1479-1481.
22) 大西真理子，庄司一郎ほか（2002）．カルシウムイオン水が炊飯における飯の組織形態に及ぼす影響．日本家政学会誌，**53**：1087-1096.

23) 藤巻正生（1984）．米について．米・大豆と魚—日本人の主要食品を科学する，pp.4-9，光生館．
24) T. Yamaguchi, Y. Oda et al. (2007). Changes in Radiacal-scavenging Activity of Vegetables during Different Thermal Cooking Processes, *J Cook Sci Jpn*, **40**：127-137.
25) 下村道子（2014）．和食の魚料理のおいしさを探る—科学で見る伝統的調理法，成山堂書店．
26) 的場輝佳（2007）．食材の健康増進機能に対する調理の意義．日本調理科学会誌，**40**：1-7.
27) K. Yamamoto, E. Shuang et al. (2016). The Japanese diet from 1975 delays senescence and prolongs life span in SAMPS mice. *Nutrition*, **32**：122-128.
28) 国立健康・栄養研究所監修（2015）．国民健康・栄養の現状—平成24年度厚生労働省国民健康・栄養調査報告より，第一出版．
29) S. Yamaguchi, C. Takahashi (1984). Interaction of Monosodium Glutamate and Sodium Chloride on Saltuiness and Palatability. *J Food Sci*, **49**：82-85.
30) M. Manabe, S. Ishizuka et al. (2009). Improving the Palatability of Sodiium-reduced Food Using Dried Bonito Stock. *J Food Sci*, **74**：315-319.
31) 真部真里子（2011）．だしの風味と減塩．日本調理科学会誌，**44**（2）：191-192.
32) M. Y. Pepino, S. Finkbeiner et al. (2010). Obese women have lower monosodium glutamate taste sensitivity and prefer higher concentrations than do normal-weight women. *Obesity*, **18**：959-965
33) 水田栄之助，太田原顕ほか（2011）．うま味嗜好・感度が食習慣・生活習慣病に与える影響．第34回日本高血圧学会総会プログラム・抄録集，p.581.
34) 高橋英一監修，柴田日本料理研鑽会（1998）．懐石料理—基礎と応用，柴田書店．
35) 村田吉弘，久間昌史（2006）．菊乃井—風花雪月，講談社インターナショナル．
36) 江原絢子（2014）．食事と地域性．和食と食育（熊倉功夫監修），pp.105-140，アイ・ケイコーポレーション．
37) 日本の食生活全集編集委員会編（1984-1994）．日本の食生活全集—聞き書き・各都道府県の食事（全50巻），農村漁村文化協会．
38) 的場輝佳編（2014），特集 和食のクライテリア．*vesta*，94号，味の素食の文化センター．
39) 的場輝佳，園部晋吾ほか（2014）．小学校における“日本料理に学ぶ食育カリキュラム”—京都市教育委員会とNPO法人日本料理アカデミーとの連携．日本食育学会誌，**8**（1）：151-160.


## ❮ 1.2　うま味の発見 ❯

だしの呈味成分の研究は主に日本人によって行われた．東京帝国大学理科大学化学科（現在の東京大学理学部化学科）の教授であった池田菊苗が，これまでに世界で知られていない味として，昆布だしの呈味成分としてグルタミン酸を発見し，これを“うま味”と名づけた．次いで，池田の弟子にあたる小玉新太郎が鰹節のうま味物質がイノシン酸であることを発見した．さらに，戦後うま味の研究が再開されると，東京大学農学部の坂口謹一郎に師事した國中明によって干し椎茸に多く存在するグアニル酸がうま味物質であることが見出された．代表的なうま味成分は三つとも日本人によって発見されたのである．さらに國中は，うま味の非常に重要な特徴である“相乗効果”も見出した．

### 1.2.1　池田菊苗

池田菊苗（図 1.2）は，幕末の 1864 年に薩摩藩士池田春苗の子として京都で生まれた．その後大阪の衛生試験所で化学と出会い，東京に出た．文明開化の頃，西欧の先進技術を吸収するとともに，日本で独自の学問を種づけする時代であった．明治 32 年には国費留学生としてドイツライプチヒ大学のオストワルド教授のもとで研究を行った．帰国後の 1901 年には東京帝国大学理科大学化学科の教授に就任し，多くの基礎科学的な研究を行う一方で，実学的な研究にも興味を持っていた．

なお，ドイツ留学を終えた後に池田はイギリスに渡ったが，そこでは夏目金之助（漱石）の下宿先に同居した．同居したのは約 50 日と短期間であったが，その間の池田と夏目は様々な事柄について活発に議論し夏目は池田に大いに感銘を受け，後にその原点となる「文学論」を書く端緒になったといわれている．

### 1.2.2　昆布から“うま味”物質の発見

池田はドイツ留学中に，まさに化学が社会に恩恵を与え，国を富ましている姿を目の当たりにした．また，ドイツ人の体格の良さに圧倒され，日本がこれから発展するためには日本国民の体格向上が必要であると，栄養改善についても考えるようになった．一方，味の種類に関しては当時基本味は四つであると考えられ

図 1.2　池田菊苗
昆布からうま味を発見．

図 1.3　池田が単離したグルタミン酸（具留多味酸）[1)]

ており，すべての味はこの四つの基本味を混合することによって得られると考えられていた．しかしながら，池田はドイツで初めて出会ったチーズやトマトなどの食材には何か共通した味があり，それは昆布や鰹節のだしを「うまい」と感じる味であり，その味は四つの基本味の混合では得られないと考えていた．そこで，その新しい味を科学的に究明しようと考え，湯豆腐のだし汁昆布から味の成分の抽出を試みた．しかしながら，研究当初はマンニトールばかりが得られ一向にうま味物質を得ることができず，一時研究は中断された．だが「佳味は消化を促進す」との論文を読み，この味を解明してその調味料を造りだすことにより日本国民の栄養不良を改善する思いを新たにして研究を再開した．そして，1908 年 2 月，12 kg の昆布の抽出液から 30 g のグルタミン酸を分離し，その塩が呈味成分であることを発見した[1]（図 1.3）．そしてそのグルタミン酸塩の味を第 5 の基本味“うま味”と命名した．池田はその論文中で，「…酸味と昆布だしに特有の味，酸味の消失した後に“うま味”を分明に感知，中和して塩を作ると最も濃厚な“うま味”…」と記載している．また，1912 年にアメリカで開催された第 8 回国際応用化学会で以下のように発表している．

「注意深くものを味わう人は，アスパラガス，トマト，チーズ及び肉の複雑な味の中に，共通なしかし全く独特で，甘味，酸味，塩味，苦味のどれにも分類できない味を見出すであろう．（中略）蜂蜜や砂糖が甘味とは何であるかを教えてくれるように，グルタミン酸塩はその呈味性（うま味）の観念についてはっきりとした認識を与えてくれる…」．

なお，グルタミン酸自体はそれ以前の 1866 年にドイツの化学者ハインリッヒ・リットハウゼンにより小麦グルテンから発見されていたが，そのうま味については知られていなかった．ドイツの科学者 E. Fischer はこの味を「グルタミン酸は不味き味」と記録している．したがって，池田がグルタミン酸の塩に着目したことが特筆される．塩の電気解離によるイオンの生成は当時の科学の最先端の概念であり，物理化学者ならではの大発見である．実際，オリザニン（ビタミン $B_1$）を世界で初めて発見した農芸化学者の鈴木梅太郎は「池田さんには洒落ではないが，“うまく”やられた．グルタミン酸はなめたことがあるが，その塩はなめなかった」と後述している．

### 1.2.3 うま味調味料製造法の発明と特許出願

池田はうま味調味料の開発を目指していたため，うま味の発見にとどまらず，さらに商品化への道を模索した．うま味成分であるグルタミン酸を工業的に生産するためには，昆布からの抽出では無理である．そこで，グルタミン酸がアミノ酸の一種であることから，小麦や大豆を原料としてそのタンパク質を分解してアミノ酸の混合物を得，そこからグルタミン酸を抽出するという方法を発明し，1908 年 4 月 24 日に「グルタミン酸塩ヲ主要成分トセル調味料製造法」として特許出願した．この発明は同年 7 月 25 日に特許登録となった．池田菊苗はこの発明により特許庁の選定した「日本の十大発明家」に数えられており，現在でも特許庁のロビーにレリーフが掲げられている（表 1.6）.

### 1.2.4 鰹節のうま味物質の発見

池田菊苗のうま味の発見に続いて，池田の弟子である小玉新太郎（図 1.4）が鰹節エキスから新たなうま味物質としてイノシン酸を発見した[2]．イノシン酸のヒスチジン塩酸塩が鰹節のうま味物質であった．5'-IMP は鰹にもともと含まれているものではなく，鰹節を作る際に鰹を煮熟・焙乾させる過程で体内の ATP が分解されて 5'-IMP が生成する．イノシン酸そのものはやはりそれ以前の 1847 年にドイツの化学者リービヒが牛肉から発見していたが，イノシン酸の持つうま味には気づいていなかった．しかしながら，その後の関東大震災で小玉がなくなり，またその後，日本は戦争に突入する道を歩んだため，研究は進展しなかった．当

表 1.6 日本の十大発明家

| 発明家 | 主な発明 |
|---|---|
| 豊田佐吉 | 木製人力織機 |
| 御木本幸吉 | 養殖真珠 |
| 高峰譲吉 | アドレナリン |
| 池田菊苗 | グルタミン酸ナトリウム |
| 鈴木梅太郎 | ビタミン $B_1$（オリザニン） |
| 杉本京太 | 邦文タイプライター |
| 本多光太郎 | KS 鋼 |
| 八木秀次 | 八木アンテナ |
| 丹波保次郎 | 写真電送方式 |
| 三島徳七 | MK 磁石鋼 |

図 1.4 小玉新太郎
鰹節のうま味物質がイノシン酸であることを発見.

時はまだ異性体（リン酸基の結合位置が異なる）の概念がなかったためその詳細な構造が明らかではなく，また，経済的に大量生産する方法もなかったため，工業生産への関心は薄かった．

### 1.2.5　うま味物質の研究再開

うま味の研究が本格的に再開されたのは，戦後である．1951年に東京大学農学部の坂口謹一郎は核酸の構成成分からうま味物質を探索するテーマを設定し，國中明（図1.5）によって開始された．研究は國中がヤマサ醤油に就職してからも継続した．当時は，ワトソンとクリックによるDNAの二重らせんモデルが提案される以前であり，核酸の研究はあまり盛んではなかった．

國中は当初，ビール酵母の核酸（RNA）を麹菌の酵素で分解してイノシン酸塩を単離した．だが，舐めてみると，得られたこのIMPはうま味を全く示さなかった．ヒスチジンと一緒に舐めても味がしなかった．そこで再度，鰹節から抽出したイノシン酸塩を舐めてみると，やはり強いうま味がした．この不思議な現象をよくよく調べてみると，核酸から生成されうるイノシン酸には2種類の異性体構造が存在することがわかった（図1.6）．リボースの5'位がリン酸化されている5'-IMPと，3'位がリン酸化されている3'-IMPである．麹菌の酵素でRNAを分解すると，3'位がリン酸化されている3'-IMPのみが生成していたのである．そして，5'リン酸化されたもののみがうま味を呈することを見出した（化学的には2'がリン酸化されるイノシン酸も存在するが，この物質も無味である）．

小玉新太郎の時代にはまだ異性体という概念がなく，うま味を呈するのがどち

**図1.5**　國中　明
干し椎茸のうま味グアニル酸を発見．
うま味の相乗効果も発見．

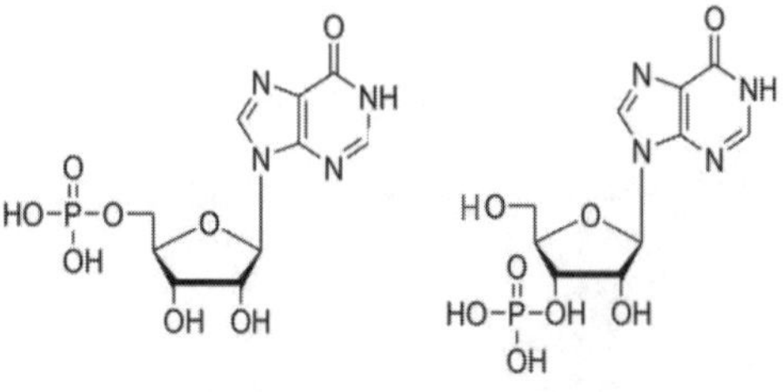

(a) 5'-IMP　　(b) 3'-IMP

**図1.6**　イノシン酸（IMP）の2種の異性体構造

らの物質であるかまでは決められなかった．しかし時代とともに発展した科学の知識により，國中らは両物質を作成しその味を調べることによって，5'-IMP のみが呈することを見出したのである．

### 1.2.6 干し椎茸のうま味物質の発見

國中らはさらに核酸の研究を続けた．RNA から 5'-イノシン酸（5'-IMP）を作る酵素（5' ホスホジエステラーゼ：現在のヌクレアーゼ P1）をペニシリウム属のカビから見出した．さらに，この酵素を用いて核酸を分解したところ，その分解物の一つである 5'-グアニル酸（5'-GMP）に強いうま味があることを見出した[3]．これは，干し椎茸に多く含まれることがわかり，干し椎茸のうま味物質であることを見出した．5'-GMP も生の椎茸にはほとんど含まれておらず，椎茸を乾燥させる中で自身の酵素で RNA が分解して 5'-GMP が生成する．なお，5'-GMP は椎茸から見出された物質ではなく，核酸分解物の呈味核酸の研究を行う中で見出されたものであり，グルタミン酸や 5'-IMP とは発見の経緯が異なっている．

### 1.2.7 うま味の相乗効果の発見

さらに國中は，だし・うま味について非常に重要な発見をしている．うま味の相乗作用である[3]．これらうま味の呈味核酸が重要視される理由は，うま味の相乗効果がある．グルタミン酸は単独でもうま味を呈するが，これら核酸が存在するとうま味強度が最高で数十培まで増大する[4]．例えば，和食で用いられる“だし”は，昆布だしあるいは鰹だしを単独で用いるのではなく，一番だしと呼ばれる両者を組み合せたものが用いられる．また，鰹節に醤油（グルタミン酸を含む）をかけると，一気に味が濃くなる．したがって，呈味ヌクレオチドを製造しグルタミン酸と合わせて利用することにより，その何十倍量のグルタミン酸を製造するのと同じ効果が得られるのである．日本で現在市販されているうま味調味料には，この呈味核酸が数%～ 10%程度混合されている場合が多い．その発見は偶然にイノシン酸を初めてバリウム塩として結晶化した時，指先で舐めてうま味を確認した際，口もゆすがずに続いてグルタミン酸を舐めたところ，口の中でうま味が爆発したような感じを受けた．ところが，「未練がましく」残っていたイノシン酸を再度なめてみたところ，先と異なってググッと押してくるような強いうま味を感じた．うま味が相乗的に強くなる効果は，その後山口静子らによって数値化された[5]．一方，「イノシン酸とグアニル酸をグルタミン酸と合わせることにより，強い呈味を示す複合調味料ができるのではないか」という発想が生まれ，核酸系調味料の商品化が図られたのである．國中は「けがの功名」と回顧している．

この相乗効果の発見によって，イノシン酸・グアニル酸は，グルタミン酸と対抗するものではなく，混合して利用するという商品化に結びついていったのである．

### 1.2.8 欧米におけるうま味の認知

これまで述べたとおり，うま味の発見および代表的なうま味成分の発見はすべて日本人により行われた．日本の食事が，“だし”によってうま味を足す文化だからであると考えられる．一方，海外，特に欧米では，うま味の理解・認知はなかなか浸透しなかった．うま味という味覚が存在するのか否か，長らく学界で議論が続けられてきた．欧米の肉や乳製品を中心とした食生活では，もともとうま味物質が食材中に多く含まれるため，うま味を特別に意識されることがなかったのである．

しかし，1985 年にうま味に関する最初の国際シンポジウムが開催された頃から少しずつ認知されるようになり，2000 年になって舌の味蕾という器官にグルタミン酸受容体（mGlu4）が発見されて，今日では国際的に認知されている．英語ではうま味に相当する言葉がないため，meaty，savory，mouthfulness などの言葉で表現されてきたが，現在では英語でも umami という単語が定着してきている．

**[外内尚人]**

## 文　献

1）池田菊苗（1909），新調味料について．東京化学会誌，**30**：820-835.
2）小玉新太郎（1913），イノシン酸の分離法について．東京化学会誌，**34**：751-757.
3）國中　明（1960），核酸関連化合物の呈味作用に関する研究．農芸化学会誌，**34**：489-492.
4）池田真吾，古川秀子ほか（1962）．味覚の尺度構成に関する一つの試み．品質管理．**13**：768.
5）山口静子，吉川知子ほか（1968）．グルタミン酸ナトリウムと 5'-グアニル酸ナトリウムの呈味の相乗効果．農芸化学会誌，**42**：378-381.

## 1.3　海外におけるだし概念の進展

### 1.3.1　和食のユネスコ無形文化遺産への登録

2013年12月，「和食：日本人の伝統的な食文化」がユネスコ（国際連合教育科学文化機関）無形文化遺産に登録された．登録とは，「無形文化遺産保護条約」の第2条にある定義に基づき無形文化遺産の代表的な一覧表に記載されたことを意味している．この一覧表に記載されるためには，登録の対象となった“和食”が「世代から世代へと伝承され」，「自然との相互作用及び集団に対応して絶えず再現」される必要がある．さらに，和食の特徴として下記の4点があげられている．

1. 多様で新鮮な食材とその持ち味
2. 栄養バランスに優れた健康的な食生活
3. 自然の美しさや季節の移ろいの表現
4. 正月などの年中行事との密接な関わり

「栄養バランスに優れた健康的な食生活」については以下の解説が付されている．

「一汁三菜を基本とする日本の食事スタイルは理想的な栄養バランスと言われている．また，“うま味”を上手に使うことによって動物性脂肪の少ない食生活を実現しており，日本人の長寿，肥満防止に役立っている．」

和食にとって，“だし”は不可欠なものであり，だしの良し悪しが料理の味を決めるといっても過言ではない．2006～2008年にかけてNPO法人日本料理アカデミーが実施してきた，外国人若手シェフを対象とした日本料理の研修は，外国人がだしとうま味を理解することに多大な貢献をしてきた．筆者が所属するNPO法人うま味インフォメーションセンターはこの企画を共催し，外国人シェフによるだしとうま味の理解を深めることの一端を担ってきた．

### 1.3.2　外国人シェフによるうま味の理解

日本料理アカデミーが発足した翌年の2005年3月にフランスにある辻調理師専門学校リヨン校において若手フランス人シェフと日本人料理人による交流が行われた．日本料理の要であるだしについての講義は京都において400年以上の歴史を持つ料亭「瓢亭」の14代目当主の高橋英一氏と15代目高橋義弘氏によって行われた．料亭で日常行われている手順に従って，昆布だし，一番だし，そして吸い物の順に試飲のサンプルが供され，その味の変化とだしの機能を理解してもらうという企画だった．ところが，驚いたことに最初に供された昆布だしを試飲したフランス人シェフたちは異口同音に「味がしない」「磯臭い」「ヨード臭がする」などと評価した．同席した日本人シェフや我々にとって想像もしていなかったことである．そして，昆布と鰹節でとった一番だしは「魚臭い」といったコメントが返ってきた．ところが，一番だしに食塩と薄口醤油が加わり，湯葉と青菜などが添えられた吸い物になった途端，彼らの評価はポジティブに変わった．彼らは完成された吸い物やその他の日本料理には触れたことがあったが，その調理工程にある昆布だしや一番だしについては知識も経験もなかったこと，そして，フランス料理で使われる肉や野菜を長時間煮込んで作るブイヨンの味とだしの味が大きく異なるものであったことが，だしに対するネガティブな評価に繋がったのであろう．日本料理に対する知識と経験が深まるとともに，だしに対する理解も深まり，欧米でのだしに対するネガティブな評価は次第に少なくなり，だしに使用する昆布や鰹節，鮪節といった素材にも興味が持たれるようになってきている．30 年以上前の日本人はワインやチーズに対する知識や経験がなく，それらの味を楽しむことができなかったが，今では美味しく食べたり飲んだりしているのと同

**図 1.7**　フランスのリヨンで開催されたフランス人向け‘だし’セミナー（2005 年 3 月 NPO 法人日本料理アカデミー主催）（筆者撮影）

様の現象であろう（図 1.7）．

### 1.3.3　モレキュラーガストロノミー

1992 年，数名のシェフと料理の専門家による会合がイタリアのエリーチェで開かれたのをきっかけに，ヨーロッパの伝統的料理を科学的に分析し新調理法やレシピを生み出そうという動きが始まった．これらの取組みはモレキュラーガストロノミー（分子美食学）と呼ばれ，毎年行われる会合では，主に食物の持つ物理化学的な性質をどのように料理に生かしていくかということに基づき，これまでにない新しく奇抜な調理方法が提案されていった．2000 年代に入り，この取組みに関わったスペインの著名シェフであるフェラン・アドリア（Ferran Adrià）は，日本の懐石料理に興味を持って何度か来日し，やがて，自分のレストランで提供する料理に“Kaiseki Style”という言葉を使うようになった．このことがきっかけでヨーロッパでは 20 ～ 30 あるいはそれ以上の料理をコースとして提供する“Kaiseki Style”が一つのファッションとなり，同時にアドリアの開発したエスプーマ（亜酸化窒素を使って食材をムースのような泡状にする調理法）もブームとなった．このような，ヨーロッパを中心とした科学的に料理を理解し発展させようとする料理界の動きは世界的に影響力を持ち，だしやその中心的役割をしているうま味の理解にも繋がった．“Kaiseki Style”を取り入れたイギリスのレストラン The Fat Duck のシェフ，ヘストン・ブルメンタール（Heston Blumenthal）は，イギリスの新聞ガーディアンに「My heart belongs to umami（私の心はうま味にぞっこん）」という連載記事を連載し，だしやうま味について語っている．ブルメンタールの料理“Sound of the sea”は，野菜，昆布，干し椎茸などでとっただしをエスプーマで泡状にしたものが使われた料理で，世界各地の料理学会や彼の著書で紹介されている[1)]．彼はだしやうま味の海外における普及の火付け役の一人と言っても過言ではない．

### 1.3.4　外国人シェフを対象としたセミナー

NPO 法人日本料理アカデミーは 2005 年から 2011 年にかけて，毎年数名の若手外国人シェフを対象に約 1 週間にわたり京都の料亭での厨房研修，豆腐，湯葉，味噌，昆布などの食材店での研修，柚子生産農家の視察や茶道，日本美術の研修

**表 1.7** 京都市内の料亭での‘だし’における昆布の使用量（文献[2]をもとに作成）

| 料亭 | 昆布使用量（g） | 水（L） | 水に対する昆布使用量（%） | 加熱時間（min） |
|---|---|---|---|---|
| a | 120 | 7.2 | 1.7 | 50～60 |
| b | 40 | 10.0 | 0.4 | 20～30 |
| c | 120 | 8.0 | 1.5 | 60 |
| d | 100 | 32.0 | 0.3 | 30 |
| e | 200 | 18.0 | 1.1 | 30 |
| f | 350 | 20.0 | 1.8 | 30～40 |
| g | 380 | 14.4 | 2.6 | 45～60 |

**表 1.8** 外国人シェフによるうま味の表現[3]

| |
|---|
| Savory |
| Delicate and subtle |
| Mellow sensation |
| Earthy, musty and mushroom-like taste |
| Taste is like a big meaty and mouthful. |
| It makes your mouth water. |
| Mouth watering |
| Pleasant after taste with satisfaction |
| Lingering sensation |
| Subtle and ambiguous |
| Full tongue coating sensation |
| Fullness of taste that filled my mouth. |
| It provide deep flavor and harmony and balance. |

などを実施した．この研修の期間中にうま味レクチャーの時間を設け，各料亭のだしやトマト，チーズなどの試飲，試食を通じて，だしとうま味の理解を深めてもらった．セミナーの中で外国人シェフたちが驚くのは，同じ昆布と鰹節が材料であっても，料亭ごとにだしの味が大きく異なることであった（表 1.7）．

このセミナーで最も重点を置いたのは，うま味という味覚の理解である．だしの呈味成分の中心的役割を担っているうま味は，淡く微妙な感覚であり，余韻を残す味，唾液分泌によって口腔内が潤った感覚をも理解してもらわねばならない（表 1.8）[3]．参加者の中にはパルメザンチーズの皮の部分やドライトマトを使ってだしをとるなど，独自の発想で自分たちのだしを提案し，だしの概念が国際的に普及するきっかけを作ってくれている者もいる．

### 1.3.5　シェフと研究者の融合によって生まれた新しいだし

デンマークのレストラン Noma のシェフ，レネ・レツェピ（René Redzepi）は2010年に日本で開催されたうま味セミナーに参加した際，デンマークで採れる海藻からもだしが取れるかもしれないという思いを持って帰国し，2012年にレストランの仲間やデンマークの研究者とともにノルディックフードラボを立ち上げた．ノルディックフードラボは味の基礎研究を研究者とともに行うことが目的であり，新しい技術や食材を探求し，北欧ならではの独自の食材を使った新しいレシピを考案していくなどの活動を続けている．

北欧諸国沿岸では非常に多くの海藻が採取できるにもかかわらず，海藻を伝統的に食用としていたのはアイスランドのみであった．アイスランドでは数千年も前からダルスという海藻がスナックやスープの素材あるいは乳製品の風味づけに使用されてきた．しかも，乾燥させたダルスは高価なものとして扱われており，日本の昆布と同じような位置づけにある．このような調査の結果，ダルスという北欧の海藻がだしの素材として使えることが見えてきた（図1.8）．レツェピは研究者との協業によって，ダルスを使っただしをレストランで使い始めた．彼ら独自の発想によって，アイスクリームやフレッシュチーズなどにうま味を添加し，これまでにない風味を創りだしているほか，パン生地であるサワードゥにダルスのだしを加え，サワードゥブレッドの味を大きく向上させることにも成功してい

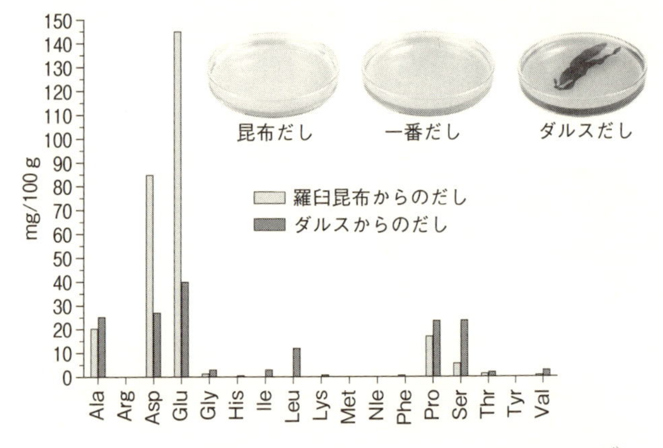


**図1.8**　ダルスと羅臼昆布からとった‘だし’中の遊離アミノ酸[4]

る．ここで重要なことは，北欧の人々にこのサワードゥブレッドの味が受け入れられているということである．単に日本の技術を取り入れ奇をてらった料理を作るのではなく，地元の人々に受け入れられる料理を提案していくことがノルディックフードラボの狙いでもある．

### 1.3.6　海外の調理師学校におけるうま味授業

海外のトップシェフたちがだしとうま味を理解するようになった現在，次世代のシェフの卵，すなわち調理師学校の生徒に向けただしとうま味の授業も重要である．筆者らは2013年から継続して米国最大の調理師学校であるCulinary Institute of America（CIA）におけるうま味の講義を実施している．授業は通常3部構成で，第1部は筆者らによるうま味の基礎講座，第2部はNPO法人日本料理アカデミーメンバーである料理人による日本料理のデモンストレーション，そして第3部は欧米人シェフによるデモンストレーションである．講義を開始した

授業を聴講する生徒たち

高橋拓児氏

米国人シェフ Ali Bouzari 氏

**図 1.9**　米国の調理師学校 Culinary Institute of America でのうま味講義（筆者撮影）

当初は，うま味調味料（グルタミン酸ナトリウム，MSG：mono sodium glutamate）の安全性に関する質問が多く，また天然の食品の中にもスクロース，クエン酸，ナリンジン，グルタミン酸といった化学物質が含まれていることを知らなかったというコメントもあった．毎日食事として摂取しているすべての食べ物は化学物質でできていることを理解していない生徒が非常に多かったのである．しかし近年では生徒の理解も深まり，講義内容も年ごとに進化している．

例えば，2015 年 3 月の授業では京料理「木乃婦」の主人・高橋拓児氏が，ほとんどの米国人が美味しくない野菜と認識しているカブを使った授業を行った．カブを①水で茹でたもの，②だしで炊いたもの，③ブイヨンで炊いたものの 3 種で味わってみると，水，だしとブイヨンの役割が非常によくわかる．ただ茹でたカブに対し，だしで炊いたカブはよりカブらしさが増し，ブイヨンで炊いたカブはカブとブイヨンの融合によって新たな味が創りだされている．だしで炊いた時にカブは，よりカブらしくなる，これこそが素材の持ち味を生かすという日本料理の真髄といえる（図 1.9）．

### 1.3.7　スポークスパーソンによって世界に広がるだし概念

多くのシェフたちがだしとは何か，どうやって調理するのかに興味を持つにつれて，うま味の理解も広がってきている．理解度の高いシェフたちがその知識と経験を他のシェフに広げていっていることが，さらにその動きを促進している．世界各地に 30 店舗以上のレストランを持つ松久信幸氏もその 1 人で，寿司職人であった彼は海外での経験，特にペルーの料理の影響を受けて，日本料理と各地の料理や素材を活かした独自のスタイル “Nobu Style” を築き上げた．世界各地の松久氏の店で働くシェフたちは，だしとうま味についてキッチンのスタッフを教育していく．ドバイ店の料理長（フランス人）は初めてだしというものを教えられた時のことを次のように語ってくれた．「だしの入っていない味噌汁とだしの入った味噌汁を飲み比べてみろと言われたが，実は味の違いが自分には全くわからなかった．今になって思い返してみると，味噌汁自体が自分にとっては新しいもので，その味を受け入れて理解できるようになるまで，だしとうま味を理解するのは難しかった．何度も体験を重ねることで，ようやく舌の上にじんわりと残る余韻を感じた時に，それがうま味でありだしの威力であることを理解できた」．彼は筆者らとともに米国の調理師学校で授業をした際に「自分はうま味に出会ったのは40歳になってからだった．皆さんはそれよりも20年も早くうま味に出会ったということは幸せなことだ」といった言葉で授業を始めている．

昆布の成分は収穫年や種類によって大きく異なるが，海外では入手できる昆布の種類が限られてくるので，質を吟味するのは難しいことが多い．そんな中で自身の体感でだしのうま味加減を理解していることは大きな力となりうる．日本料理の海外普及活動における第一人者ともいえる「菊乃井」主人・村田吉弘氏は，「だしとはカロリーが殆どゼロに近いうま味を豊富に含んだ液体」と定義し，その土地で手に入るものからだしをとることを考えるように指導している．この定義に従えば，たとえばドライトマトとドライモリーユ（乾燥編み笠茸），鶏胸肉の挽肉を用いてだしをとることができる．欧米ではどの素材もそれほど珍しいものではなく，鶏肉を使用することで欧米の人たちにも抵抗なく受け入れられやすい．村田氏はこのだしを“New Style Dashi”と呼び，海外におけるデモンストレーションなどで披露している．ちなみに，このだしを用いた吸い物にはマーシュ（ヨーロッパ原産のオミナエシ科の一年草で主にサラダに使用される）を具材として使ったり，茶碗蒸しの上にはうっすらとトマトソースをかけるなどの工夫がなされる．このような試みが広がっていくことで，だしの概念は海外に広がっていっている．

村田氏からだしを学んだペルーのシェフ，ペドロ・スキアフィノ（Pedro Miguel Schiaffino）は，ドライサチャトマト（トマトの原種），ドライポルチーニ，チャルキー（アンデスで作られるスライスしたアルパカの肉を乾燥させたもの）を用いたオリジナルのだしを創り上げた．いずれも現地で容易に入手できるものであるが，注目すべきは日本のだしと同様にすべて乾燥した食材を使用していることである．乾燥の工程で細胞壁が壊れるので，細胞内にあったうま味成分が抽出されやすくなり，短時間の加熱で効率よくだしをとることができる．まさしく，調理の裏側にある科学を理解した取組みと言える．

### 1.3.8　だしの未来

冒頭で述べたように“和食”がユネスコの無形文化遺産に登録されたことが追い風となり，海外での日本料理ブームはますます広がってきている．農林水産省の推計によると2013年時点の世界の日本食レストランは55,000店で，2006年の24,000店の2.3倍，2010年の30,000店の1.8倍である．さらに，これらの日本食レストランはアジア（27,000店），北米（17,000店），ヨーロッパ（5,500店），中南米（2,900店），ロシア（1,200店），オセアニア（700店），中東（250店），アフリカ（150店）とまさに世界中に広がっている．10年ほど前には「これが和食？」と首をかしげるような料理が多かったニューヨークやロンドンなどでも，近年急激に質が向上してきている．2015年5～10月にミラノで開催された万博は，史上初の“食”をテーマとした万博であり期間中2220万人が来場した．日本館への来場者は228万人と非常に人気が高く，行列嫌いのイタリア人も長蛇の列に並んだことで話題となった．日本館では，「共存する多様性」をテーマに世界の食糧問題を緩和・解決する上での日本の可能性が提案され，「和食は未来食」というメッセージが以下のような解説とともに提示された．

「和食のベースであり日本人の味覚の根幹をかたちづくる出汁（ダシ）．出汁は濃厚なうま味成分で味と栄養の両面で満足感をもたらす．それでいて，濃厚な味の食材の多くに含まれがちな脂質や糖分が少ないのが特徴．日本の食文化の持つ予防医学的な価値は，今，世界的に注目されつつある．国際的に権威ある研究で，鰹だしや昆布のうま味成分（イノシン酸やグルタミン酸）を含んだ食事では，過食が抑えられる可能性があることが示されている．」

2015年7月10日にはUmami Summit in Milan（主催：味の素㈱，企画：NPO法人うま味インフォメーションセンター）が開催され，イタリア人ジャーナリストやシェフなど80名近くが集まり，うま味のエキスパートである日本人の料理人，イタリア人のシェフ，料理研究家，そしてうま味の授業を行っている教授らが集まり，だし，うま味を知ることの重要性を語り合った．トマトやチーズなど，もともとうま味が豊富に含まれている食材を多用しているイタリア人にとって，うま味は空気のような存在であり，わざわざ意識することのないものである．登壇したイタリア人シェフと料理研究家は，改めてうま味を認識しだしを学ぶことで，食塩を減らしたり，バターやクリームを減らしても美味しくできることを実感したことを語っている（図1.10）．

2015年7月15日にロンドンで日本大使館が主催した“Umami Forum”では“うま味を知る！　料理は変わる！”をテーマにだしとうま味の重要性が討議され

左から順に筆者，村田吉弘氏，松久信幸氏，Luca Fantin 氏，Laura Santtini 氏，Gabirella Morini 氏

熱心に聴講するイタリア人ジャーナリストたち

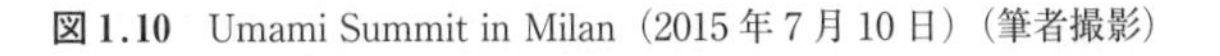

**図 1.10** Umami Summit in Milan（2015 年 7 月 10 日）（筆者撮影）

Bento Box の準備をするロンドン在住の日本人料理人たち

Umami Bento
右下から時計回りに
銀鱈の野菜床付け焼き（Nobu London）
低温調理した焼目ホタテ トマト土佐酢（Dinings）
鶏つくねと茸の煮びたし（Kikuchi）
小蕪の風呂吹き（Zuma）
鰻とタマリロトマトしゃりの巻き寿司（Yashin Ocean House）
子羊の昆布麹漬け きのこ醤油（Kiru）

Umami Bento を試食する参加者

**図 1.11** ロンドンで開催された Umami Forum（2015 年 7 月 15 日）（筆者撮影）

た．集まったのは約 80 名のイギリスで活躍しているフードジャーナリストたちである．参加者全員がだしの試飲を行ったが，もはや「磯臭い」「味がしない」などのコメントはなかった．海外のシェフたちへの浸透，海外にいる日本人料理人の活動，そしてジャーナリストへの情報発信によって，より一層だしの概念，そして，うま味の豊富なだしは美味しさと健康の両側面に解決をもたらしてくれるものであることが，世界に広がっていくことを期待したい（図 1.11）．

［二宮くみ子］

## 参 考 文 献

1）うま味インフォメーションセンター（2014 年）．UMAMI：The Fifth Taste，日本出版貿易．
2）柴田書店編（2006）．だしの基本と日本料理—うま味のもとを解きあかす，柴田書店．
3）熊倉功夫，伏木　亨監修（2012）．だしとは何か，アイ・ケイコーポレーション．
4）O. G. Mouritsen, K. Styrbæk (2014). Umami Unlocking the Secrets of the Fifth Taste. Colombia University Press.
5）NPO 法人うま味インフォメーションセンターホームページ
http：//www.umamiinfo.jp
6）NPO 法人日本料理アカデミーホームページ
http：//www.culinary-academy.jp

# 2 だしの食品学

## 2.1 味の成分

### 2.1.1 だしとは

だしとは昆布，鰹節，煮干し，干し椎茸などの乾燥素材からグルタミン酸やイノシン酸などのうま味物質を特異的に抽出したもので，だしのうま味物質を他の素材に移す，あるいは浸透させることで，素材が本来持っている味わいをより引き立てるという料理法は，日本独自に発達したものである．日本料理の幅広い料理に共通しているのがだしであり，見えないところで料理を支えている．昆布だし，一番だし，煮干しだしなど地方によってその素材は様々であるが，吸い物，味噌汁，野菜の煮炊き，うどんや蕎麦の汁などの料理に欠かすことができないものである．

日本料理のだしに伝統的に使われてきた動物性素材はカツオ，マグロ，サバなどの節類や煮干し，植物性素材としては昆布が最も一般的であるが，精進だしには大豆，干瓢，干し椎茸，ワカメなども使われている．西洋料理のブイヨンでは動物性素材として鶏肉，牛肉，仔牛，魚介類，ジビエ（狩猟によって捕獲された野生のマガモ，キジ，シカ，ウサギなどの鳥獣肉），植物性素材としては，タマネギ，ニンジンやセロリなどの香りの良い香味野菜と香辛料，香草などが使われる．中国料理では湯(たん)と呼ばれるものがだしに相当する．湯は動物性素材としては豚肉や鶏肉が中心であり，豚の骨や鶏の足先(モミジ)など特殊な部分もだしの素材として用いられる．さらに，金華ハムなどの発酵素材や干し貝柱，干し海老，干し椎茸などの乾物類も使用される．中国料理に使われる植物性素材としてはアオネギとショウガが最も頻繁に使われている．西洋料理や中国料理のだしは主に鳥獣肉の脂質，筋しょうタンパク質などに由来する灰汁(あく)を丁寧に取り除き，長時間の加熱によって素材に含まれているうま味物質だけではなく，その他の可溶性成分を抽出し濃縮したものである．各種料理のだしに共通するのはうま味物質であるグルタミン酸やイノシン酸，グアニル酸などであり，うま味は万国共通である．しかし，香りの成分は，その地域特有の素材に由来する．外国人が鰹だしの香りを魚臭い，昆布だしを磯臭いと言うことがあるが，うま味は世界共通であっても，料理に使用される食品素材に付随する香りに対する嗜好性が地域性を持っているため，馴染みのない素材由来の匂いは受け入れ難いためである．

### 2.1.2 だしの中核をなすうま味とうま味物質について

#### a. うま味の特徴

1908年にうま味を発見した池田菊苗[1)]は1912年に米国で開催された国際応用化学会でグルタミン酸塩の味に関する口頭発表を行っている[2)]．この時の講演原稿を見ると，冒頭部分のうま味の味質の解説はうま味の特性を非常によく表している．

「注意深く物を味わう人はアスパラガス，トマト，チーズ，肉の複雑な味の中に，共通なしかし全く独特で上記のどれにも分類できない味を見出すであろう．その味は通常非常に弱く，他の強い味によってボカされるので，特に注意をそれに向けないと識別することが難しい．もしニンジンあるいは牛乳よりも甘いものがなければ「甘い」という味の観念を明確に知ることができないであろう．同じようにアスパラガスやトマトだけではこの独特の味（うま味）の概念をはっきりと知ることができないであろう．蜂蜜や砂糖が甘味とは何であるかを教えてくれるように，グルタミン酸塩はその独特の呈味性（うま味）についてはっきりとした認識を与えてくれる．グルタミン酸ナトリウムの溶液を味わった者は誰でも，すぐにその味が，今までよく知られているどの味とも異なっていることを認めるであろう．それと同時にその味が日々の食事の複雑な味の組み合せの中に，十分明確ではないが常に識別される独特の味と同じものであることを認めるであろう．」

この発表が行われた当時は味覚に関する研究があまり進んでいなかったことに加え，日本料理に触れる機会がなかった外国人にとって，池田の発表はそれほど反響を呼ぶものではなかったようである．グルタミン酸は1866年にドイツの化学者リットハウゼンが小麦のタンパク質であるグルテンから発見した．グルタミン酸とはグルテンから発見されたアミノ酸という意味を持っている．その後，フィッシャーはタンパク質，ペプチドとアミノ酸の研究成果に関する本を1906年に出版しているが，この中に「グルタミン酸は最初弱い酸味を感じるが，やがてその味はまずい味に変化する」と記載している．グルタミン酸の結晶が唾液に溶けて最初は酸味を感じるが，フィッシャーが「まずい味」と表現したのはグルタミン酸イオンの味であり酸性アミノ酸であるグルタミン酸が唾液中のナトリウムで中和されることによって味が変化したことを表している．池田はうま味を発見する前にフィッシャーの記載についてすでに知っており，昆布から抽出したグルタミン酸をグルタミン酸塩にして味を確認したことがうま味の発見に繋がっている．グルタミン酸そのものではなく，グルタミン酸イオンが中性付近にある時に「うま味」を持つことは1912年の米国での学会発表で次のように述べている．

「グルタミン酸は二つの置換可能な水素原子を持っており，2通りの塩ができる．2価のグルタミン酸塩で両方の水素原子が置換されたものは，ここではとりあげない．なぜならば，それらの大部分は難溶であり，アルカリ金属の塩については加水分解によって強アルカリ性となるからである．これに反してグルタミン酸の1価の塩はほとんどが水に速やかに溶け，アルカリ塩類は両性的である．（中略）ここで，グルタミン酸自体の味について簡単な注意を述べておこう．フィッシャーは，この酸が最初に酸味を呈し，ついで独特のまずい味を呈することを観察した．この最後の表現は疑いもなく，グルタミン酸の味を意味している．私自身の観察はこれを完全に確認している．ただ，グルタミン酸イオンの味は，酸味より際立っていた．それは水素イオンのより大きい分酸性と続いて起こる組織内での中和によって説明される．」

イノシン酸塩にもうま味があることは池田の弟子であった小玉によって発見されるが，小玉は最初からイノシン酸塩に着目しており，実際に鰹節から抽出されたのはイノシン酸のヒスチジン塩であった[3]．グアニル酸塩の場合も同様で，発見者の國中はRNAを分解して得られる核酸関連物質の塩類の味を確認したことでうま味物質であるグアニル酸の発見に至った．池田のうま味発見から80年近くたった1985年にハワイで開催された第1回うま味の国際シンポジウムでは米国カリフォルニア大学のオマホニー教授らがうま味という言葉とその味質に対する米国人の理解の状況を紹介している．それまで全く意識することがなかったうま味という味質について，米国人は塩味，あるいは甘味，酸味，塩味，苦味のどの概念にも当てはまらない味，曖昧な味などと表現している．筆者らも海外で欧米人を対象にうま味の体験を実施することがあるが，「舌の上で何か感じているが，どう表現してよいかわからない」という人もいる．

つまり，うま味を表現する言葉を持っていないのである．近年，日本料理が世界各地で注目されるとともに日本人の料理人たちが，だしとうま味に関する講演と調理デモを頻繁に実施するようになってきた．このような料理人たちの活動を通じて，海外でもだしやうま味に興味を示し理解するシェフが増えてきている．彼らはうま味の持つ特徴として「穏かな唾液の分泌が持続する」「舌全体に広がる味」「他の基本味よりも持続性がある（あるいは余韻を残す味）」などをあげている．これらのうま味の表現はうま味の呈味特性に関する科学的知見とよく一致している．以下に，だしの味わいの特徴を知る上で重要と思われるいくつかのうま味の呈味特性を紹介する．

### b. 舌のどこでうま味を感じるのか

2007 年に Wall Street Journal 紙に umami に関する記事を書いた米国人記者マクローリンは，パルメザンチーズ，アンチョビー，チキンスープ，ピザなどを食べた後に，舌全体が何かで覆われてしまったような感覚（full, tongue-coating sensation）が残る．これがうま味であると解説している．欧米のトップシェフたちは，うま味は他の基本味とは全く味質が異なり，非常に微妙で曖昧な味であること，その特徴は，穏かな唾液の分泌が持続すること，舌全体に広がり，他の基本味よりも持続性があることをあげている．昆布だしを口に含み舌の上をゆっくりころがすように味わってみると，舌の上にうっすらと残る微妙な感覚が余韻を残す．これがうま味の正体である．直径 6 mm ほどの円形濾紙にショ糖，塩化ナトリウム，酒石酸，硫酸キニーネ，グルタミン酸ナトリウムの各水溶液を浸し，被験者の舌の各部位に置き，どの部位でどの味を明瞭に感じるかを調べたところ，うま味以外の 4 基本味は舌先，舌側，葉状乳頭後方部（舌の両脇で奥歯に触れる部分）で感受性が高いが，うま味については舌の後方部が特異的に感受性が高く，感受性部位が著しく局在している[4]．しかし，この方法では被験者の舌は静止した状態であり‘食べる’時とは大きく環境が異なっている．そこで，前述の実験で濾紙にしみ込ませたのと同量の，わずか0.01 mLの各種呈味溶液をスプーンの先から舌で舐めとった時に，舌のどの部位で味を感じるかを調べた[5]．濾紙を用いた実験と大きく異なるのは，物を食べている時と同様に舌が動いていることである．いずれの味も舌全体で感じているように自覚されていることがわかった．さらにうま味は他の基本味よりも広い範囲で感じている．舌の味覚マップ（舌先では甘味，その両側で酸味，舌の中央部分は塩味，舌の奥で苦味を感じるというもの）はドイツのヘーニック博士のドイツ語論文をアメリカのハーバード大学の心理学者エドウィン・ボーリングが翻訳して引用したものが，1942年に出版された『実証心理学の歴史における感覚と知覚』に紹介されたもので，この本を通じて一般に広まったと言われている．その後，科学的な裏づけがないまま各種教科書などでも取り上げられ，定説となってきたが，このことは科学的に正しい情報ではなかったことが1990年代に入ってから日本および米国の研究者によって確認され現在では使用されていない．

### c. うま味の相乗効果

基本味の代表的物質を用いて検知閾（味の種類は識別できないが何らかの味がわかる最低濃度）を検討した結果，グルタミン酸とイノシン酸が共存すると閾値が顕著に引き下げられることが確認されている[6]（表2.1）．同様の現象はグルタミン酸とグアニル酸の組み合せでも起こる．すなわち，アミノ酸系のうま味物質であるグルタミン酸と核酸系のうま味物質であるイノシン酸あるいはグアニル酸が共存するとうま味の強度が上がり検知閾値が下がるのである．うま味の相乗効果の発見者はグアニル酸塩にうま味があることを発見した國中である．自身が発見したグアニル酸塩とグルタミン酸塩を口をゆすがずに味見をしたことが相乗効果の発見に繋がったことを國中は記録に残している[7]．相乗効果によって味神経の応答もグルタミン酸塩のみ，あるいはイノシン酸塩やグアニル酸塩のみの場合

**表2.1** 基本味を代表する各種物質の検知閾（%（w/v））[8]

| 溶　媒 | 甘味<br>スクロース | 塩味<br>塩化ナトリウム | 酸味<br>酒石酸 | 苦味<br>硫酸キニーネ | うま味<br>MSG |
|---|---|---|---|---|---|
| 水 | 0.086 | 0.0037 | 0.00094 | 0.000049 | 0.012 |
| 0.094%（5 mM）MSG溶液 | 0.086 | 0.0037 | 0.0019 | 0.000049 | — |
| 0.29%（5 mM）IMP溶液 | 0.086 | 0.0037 | 0.03 | 0.0002 | 0.00019 |

よりも増幅されることは，ラット，チンパンジーなどの動物実験によって確認されている．最近の研究によると，舌上にあるうま味受容体にはグルタミン酸受容サイトと核酸系うま味物質（イノシン酸あるいはグアニル酸）受容サイトがあり，核酸系うま味物質が受容サイトに結合すると受容体のタンパク質の構造が変化し，グルタミン酸が結合サイトに結合しやすくなり結合力も増強されるためと考えられている．このようなうま味の増強作用は，各種だしにおいても古くから経験的に実践されてきている．グルタミン酸，イノシン酸およびグアニル酸の各単純水溶液のうま味強度および，それらの組み合せによるうま味強度についての詳細は1980年代に専門パネルを用いた官能評価によって確認されている．グルタミン酸とイノシン酸を種々の配合比率で混合した時のうま味強度をグルタミン酸単独の場合のうま味強度に換算すると，少量のイノシン酸がグルタミン酸と共存することでうま味強度は飛躍的に強められる．グルタミン酸に対するイノシン酸の配合量が増すにつれてうま味強度は増大し，グルタミン酸とイノシン酸の配合比率が1対1の時にうま味強度は最大になる（図2.1）．相乗効果によるうま味の強さは次のような式で示すことができる．

$$Y = u + 1200\,uv$$

ここで，$u$は混合溶液中のグルタミン酸ナトリウム（MSG）の濃度，$v$はイノシン酸ナトリウム（IMP）の濃度，$Y$は混合液のうま味の強さである．うま味の強

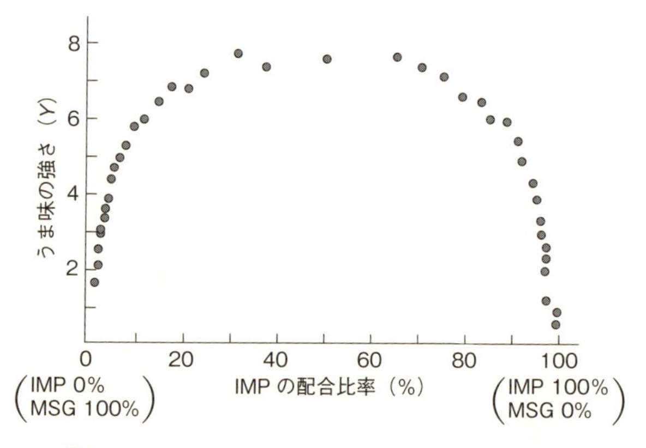


**図2.1**　IMPとMSGの配合比率とうま味の強さとの関係
MSG + IMPの量は0.05 g/dLで一定.

さは，すべてグルタミン酸ナトリウムに起因すると想定した時のグルタミン酸ナトリウム単独溶液の濃度（g/100 mL）で示す．各種核酸系うま味物質の呈味力はそれぞれ異なるが，イノシン酸ナトリウムのうま味強度に置き換えることで，上記の式を使ってうま味強度を算出することができる．グアニル酸ナトリウムのうま味強度はイノシン酸ナトリウムの2.3倍である（表2.2）．各種だしの調理において，多くの場合動・植物性素材をあわせて用いているので，相乗作用によってうま味が増強される．

### d.　うま味の持続性

塩味（食塩），酸味（酒石酸），うま味（グルタミン酸ナトリウムおよびイノシン酸ナトリウム）の水溶液を用いて，各溶液10 mLを20秒間口に含んでから吐き出し，その後の100秒間の味の強さを5秒間隔で測定し，味わってからの時間と味の強度を測定した結果を図2.2に示した[8]．酸味と塩味は口に含んだ直後に味覚強度は最大となり，その後急速に減少していくが，うま味は吐き出した後も（飲み込んだ後も同様である）味が復活して長く続くという他の味質とは異なる特

**表2.2**　核酸系うま味物質のうま味強度（同じ濃度で比較）[9]

| 物質名 | うま味強度 |
| --- | --- |
| 5'-イノシン酸ナトリウム（7.5水和物） | 1 |
| 5'-グアニル酸ナトリウム（7水和物） | 2.3 |
| 5'-アデニル酸ナトリウム | 0.18 |

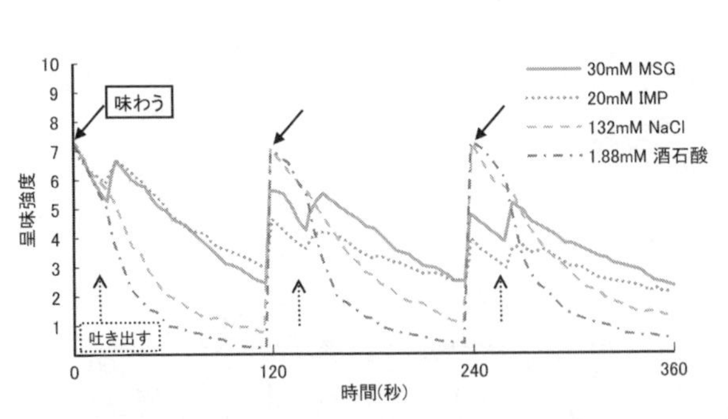

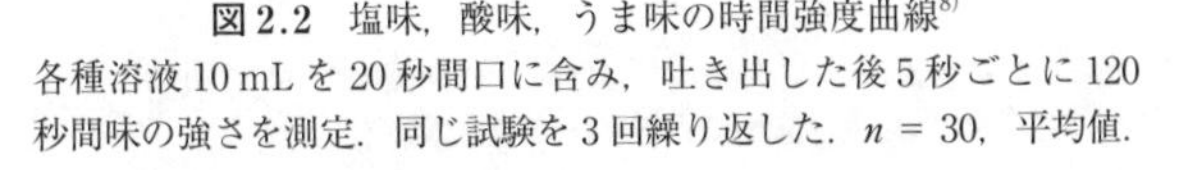

**図2.2**　塩味，酸味，うま味の時間強度曲線[8]
各種溶液10 mLを20秒間口に含み，吐き出した後5秒ごとに120秒間味の強さを測定．同じ試験を3回繰り返した．$n = 30$，平均値．

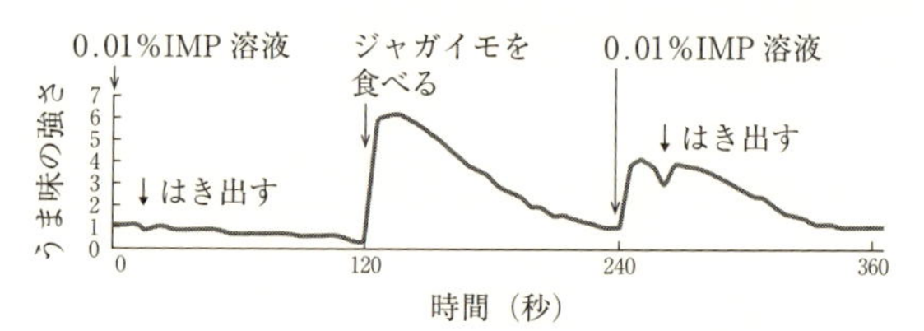


**図2.3** ジャガイモのあと味が低濃度の5'-イノシン酸（IMP）の呈味に及ぼす影響[10)]
IMP 溶液を味わってから茹でたジャガイモ3gを試食し，再びIMP溶液を味わった時のうま味の強さの時間強度曲線．ジャガイモのグルタミン酸がIMPのうま味を引き出す．

徴を持っている．酸味は口中をすっきりさせるのに対し，うま味は持続性があり余韻を残す味である．持続性やあと味は食事において重要な役割を果たしている．吸い物，味噌汁，スープなど各種だしをベースとした汁物は口中にとどまり余韻を残す．実際の食事の内容に近づけるため，イノシン酸水溶液と茹でたジャガイモを交互に味わった時のあと味の強度を調べた結果を図2.3に示した[10)]．イノシン酸単独溶液のみではそれほどインパクトの強いうま味は感じられないが，イノシン酸溶液に続いて茹でたジャガイモを試食すると，うま味強度が強くなる．これは，イノシン酸が口中に残っている状態でジャガイモに含まれるグルタミン酸が溶出されてくるからである．再度イノシン酸溶液を味わうとうま味の強さと時間経過によるうま味強度も変化し，ジャガイモに含まれるグルタミン酸がイノシン酸との相乗作用でより強いうま味を引き出している．食事の際にイノシン酸を含む肉とグルタミン酸を含むジャガイモの組み合せが，食べ終わった後の余韻にもつながっていることがわかる．食事全体の味のバランスを考えるとインパクトのある喉ごしや好ましいあと味などが「おいしかった」という満足感に繋がるものと考えられる．

### e. うま味物質による唾液の分泌促進

グルタミン酸の味覚刺激によって唾液の分泌が促進され，その唾液分泌はイノシン酸の共存によってさらに促進されることが1980年代の味覚生理学的研究によって確認されている．味覚刺激による唾液の分泌については，酸味によって大量の唾液が分泌されることが知られている．酸味による唾液分泌は酸味の刺激を緩和するために反射的に起こるもので，酸味を感じてから2～3分後には定常状態

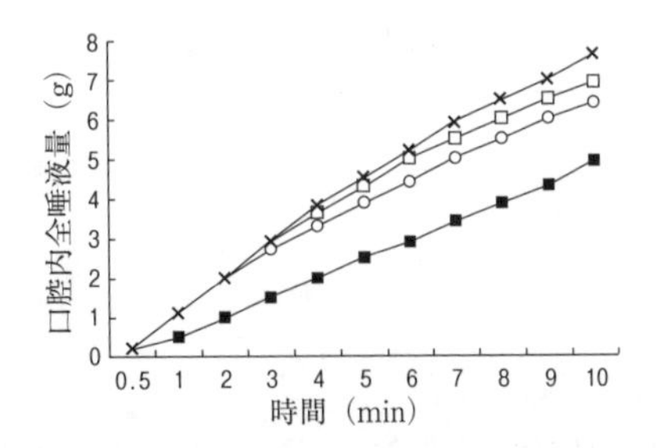


**図 2.4**　うま味，酸味，塩味による唾液分泌[11)]
口の中にうま味(MSG)，酸味(クエン酸)，塩味(NaCl)水溶液を1分間含ませ，吐き出した後の唾液分泌量（$n = 24$）.
×：うま味，□：酸味，○：塩味，■：水（対照）.

に戻る．酸味による唾液は大唾液腺（左右一対ずつ耳下腺，顎下腺，舌下腺がある）のうち主に耳下腺から分泌されるもので，アミラーゼを含んだサラサラした漿液性の唾液である．一方，うま味の場合は味覚刺激後 10 分を経過しても定常状態よりも高い唾液分泌が持続する（図 2.4）[11)]．うま味による唾液は小唾液腺から分泌される．小唾液腺は，口唇腺，頬腺，舌腺，口蓋腺，臼後腺からなり，ムチンが多い粘液性の唾液を分泌する．この粘液性の唾液は口腔内の乾燥を防ぐのに役立っている．

食品中の呈味物質は口中で咀嚼され唾液と混ざり，各種の呈味を感知する味細胞に到達する．さらに，口腔内の粘膜は常に唾液と水分あるいは各種呈味物質の交換をし，唾液に含まれる物質によって味蕾の代謝が促されると考えられている．近年，高齢者の味覚異常やその改善に向けた医師らの取り組みによって，唾液の分泌量が増えれば，味覚も正常に保たれることが確認され，味覚異常を訴える患者に対して唾液分泌を促すことが有効であることが注目されている．東北大学歯学部の研究グループは，うま味による唾液分泌の促進が高齢者の味覚障害を緩和し，口腔内の衛生状態を改善し，嚥下をスムーズにして，おいしく食べること，ひいては栄養状態の改善に繋がることを報告しており，うま味物質が中心的役割を果たしているだしを効かせた食事を摂取することが高齢者の QOL 改善にも貢献することが示唆されている．

### f.　うま味物質による風味増強作用

“うま味”と“旨み（旨味）”は，食品学の上では違う言葉である．“旨み”は

“旨い（おいしい）”に由来し，食べ物を食べた時のおいしさを意味する．しかし最近，うま味と旨みは混同して使われる場合が多い．それは，うま味物質を食べ物に添加すると，風味全体に広がりと持続性を与え，味わい全体を強めるからである．すまし汁，味噌汁，茶わん蒸しなどに，0.3%程度までの濃度でうま味物質を添加すると，よりおいしく感じられる[12]が，1%以上添加するとおいしくないと評価されることが多い．これはうま味物質が塩や砂糖と同様に，入れすぎると味を損なうことを示している．

また，うま味物質を適正な濃度で添加した場合，味としてのうま味はほとんど感じられず，添加された食べ物の味わい全体が強く感じられる．これが，うま味物質が有する風味増強効果である．この風味増強効果は，食べ物を口に入れた時の口中香を強めることにより生じる[13]．鶏だしエキスを用いた研究では，0.3%までのグルタミン酸ナトリウムの添加は，鶏だしエキスの口中香を最大2.5倍まで強めることが明らかとなった．このように，だしに含まれるうま味物質は，食品素材の特徴的な口中香を強めることにより，おいしさをもたらしている．

**g. だしとコク付与・増強効果**

食べ物のおいしさを表現する日本語として“コク”がある．ここでは，だしとコクの関係を解説する．

コクは，“酷”を語源としていると言われており，食べ物の味が「濃い状態」や「後に残る状態」をさしている．カレー，シチュー，ラーメンのように，濃厚で刺激が後に残る食べ物は，多くの日本人に好まれ，コクがあると表現されてきた．このような背景から，コクはおいしさを連想する言葉として，多くの食品のパッケージに使用されている．しかし例えば，スイカやナシのような果物は美味であってもコクがあるとは言わない（図2.5）．また，味わいが濃厚過ぎる，あるいは刺激が後に残り過ぎる場合には，コクがあるとは言わず，“くどい”あるいは“しつこい”という表現が使われる．このように，コクはおいしさと同義語ではないのだが，正確な定義はこれまでなされていなかった．最近，研究が進み，コクの定義が提案されている．

コクは，味，香り，食感，持続性などの多くの刺激により形成される複雑な感覚である．コクには強弱があり，食べ物の種類によって，おいしさを引き出すのに適切なコクの強さが存在する（図2.6）．

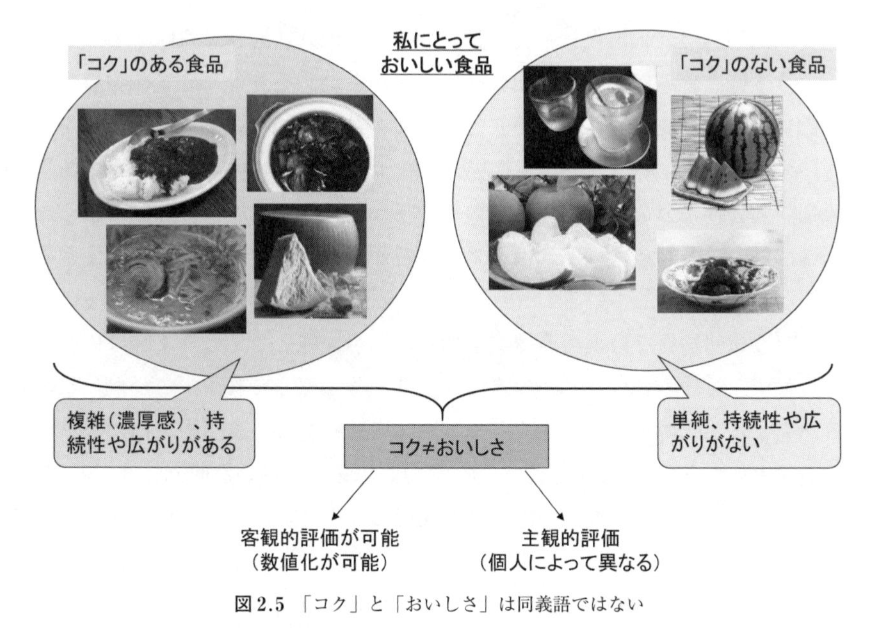


図 2.5 「コク」と「おいしさ」は同義語ではない

まず，コクの複雑さは，食べ物の素材を長時間加熱したり，熟成，発酵することで生じる多種多様な味物質，香り物質，物理的刺激物質で形成される．この複雑さがコクのある食べ物のベース部分であり，食べ物の味わいの特徴を示す．これらの複雑な刺激に持続性や広がりを与える物質が加わると，コクを増強することができる．これまでのところ，コクを増強する物質として，うま味物質と油脂などが考えられている．うま味物質は，前記のように，味わいに広がりと持続性を与える．また，油脂は香気成分などを保持することで，味わいの持続性をもたらす効果がある[14)]．さらに，それ自身は味を示さない濃度であるにもかかわらず，うま味溶液や甘味溶液に添加するとそれぞれの味を増強する物質が見出され，「コク味物質」と呼ばれている．コク味物質として，グルタチオンや$\gamma$-Glu-Val-Gly（$\gamma$-EVG）などが明らかとなってきた[15)]．これらはカルシウム感受性受容体（CaSR）のアゴニストであり，うまみ溶液の共存下で食べ物に添加すると，うまみ物質による味わいの広がりや持続性を強めることから，“コク味物質”もコクの増強をもたらす物質であると考えられる（図 2.6）．

昆布と鰹節から調製される和風だしは，純粋なうまみ物質を取り出すことを目

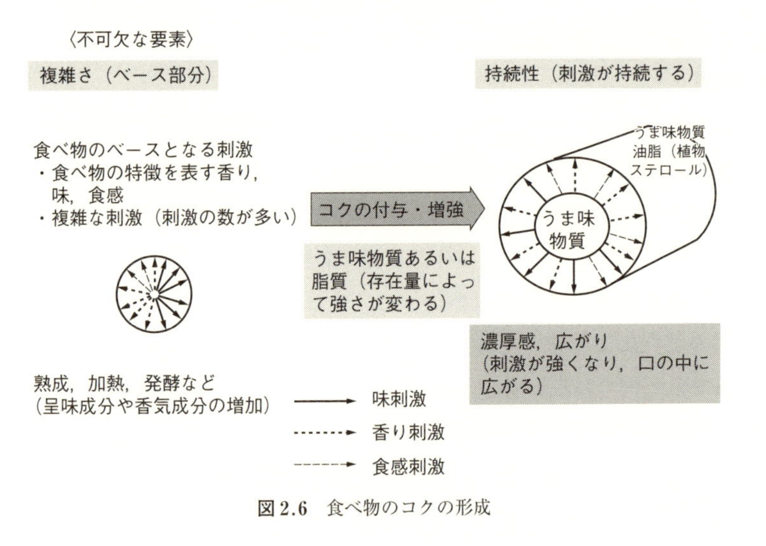


図2.6 食べ物のコクの形成

的としており，基本的にコクはない．コクを出したい場合には，熟成昆布や血合いが含まれる鰹節，あるいは煮干しなどを使用し，雑味と言われるうまみ以外の味やだし素材から引き出される香りを付加する．しかし，だしそのものの味わいが強すぎると，メインの素材の味わいを損ねる可能性があるので，注意が必要である．

一方，西洋料理や中華料理で使用されるブイヨンや白湯は，うま味物質の含まれている野菜類と肉を長時間煮込んで調製されるため，それ自身に多種多様な呈味物質が存在すると同時に，加熱中に生じる多くの香気物質も含む．また，加熱中に素材から抽出されるうま味物質や油脂もコクを付与・増強する効果を有している．これらのだしはそれ自体が強いコクを持っており，和風だしとはおいしさを引き出す目的が異なっていると考えてよい．

昔から言われてきたコクとはどのような現象であり，どんな物質が関与しているのかの研究は，日本人研究者によってスタートし，近年，グローバルに研究ネットワークが広がってきている注目の分野の一つと言える．

### 2.1.3 だしの風味特性

だしを調製する場合，使用するだし素材により，だしの風味が異なり，用途も変わってくるので，料理に応じただし素材を使用することが大切である．

**a.　昆布だし**

昆布は鰹節と並び，わが国特有のだし素材であり日本料理に欠かせない素材である．昆布は種類により味が異なるが，味の相違は昆布の一般成分の個体差，遊離アミノ酸含量，1年物か2年物かなどの昆布の生育期間の違い（通常だし用の昆布として使用されるのは生育2年目の昆布を収穫し乾燥したもの），生育海水の栄養状態や香りなど様々な要因が関与している．また，昆布は葉の先端，中央，基部などの部位により味や風味が異なり，葉の厚みの程度によっても味や風味が大きく異なる．同一時期に採取（2002年8月～9月）され東京中央卸売市場に出荷された5種類の昆布（羅臼昆布のみ2等級，その他はすべて1等級）中の遊離アミノ含量を図2.7に示した[17]．なお，長昆布はだし素材には使われないが，比較のために図に示した．いずれの昆布でもグルタミン酸とアスパラギン酸の含量が高く，グルタミン酸の含量は1,000 mg/100 g以上で，羅臼昆布では3,000 mg/100 g以上である．アスパラギン酸については羅臼昆布や真昆布では特にその含量が高い．次いでアラニンやプロリンが含まれているが，その他のアミノ酸はすべての昆布で40 mg/100 g以下である．昆布に含まれる主要な遊離アミノ酸であるグルタミン酸，アスパラギン酸は中性付近ではうま味を，アラニン，プロリンは穏やかな甘味を持つアミノ酸であり，各種昆布の味にはこれらのアミノ酸が

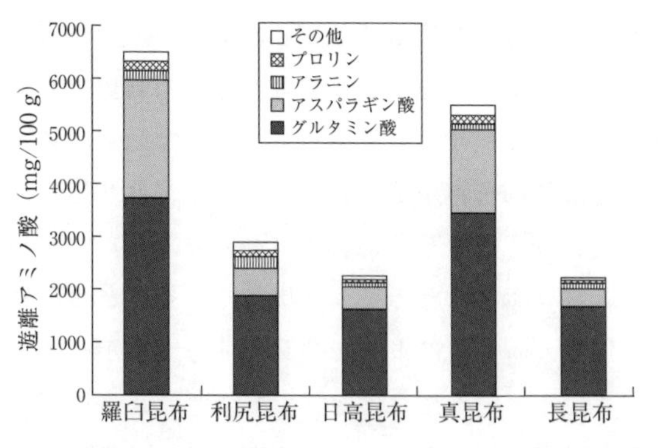


**図2.7**　各種昆布（2002年購入）中の遊離アミノ酸（文献[17]より作成）
その他のアミノ酸：スレオニン，セリン，グリシンバリン，メチオニン，イソロイシン，ロイシン，チロシン，フェニルアラニン，リジン，アルギニンの合計．

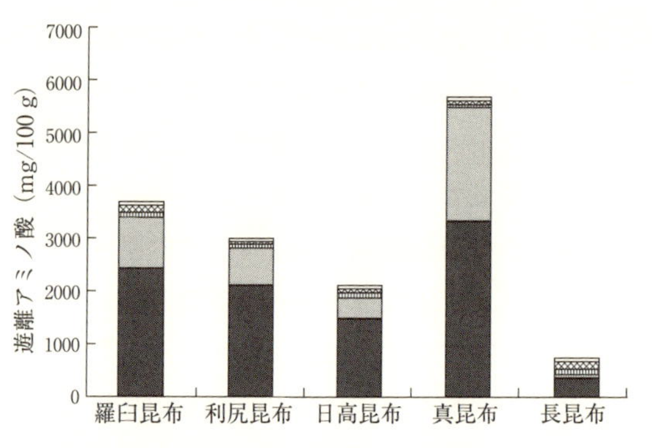


**図 2.8**　各種昆布（2004 年購入）中の遊離アミノ酸[18)]
その他のアミノ酸と凡例は図 2.7 に同じ.
資料提供：NPO 法人うま味インフォメーションセンター，分析協力：味の素㈱ライフサイエンス研究所.

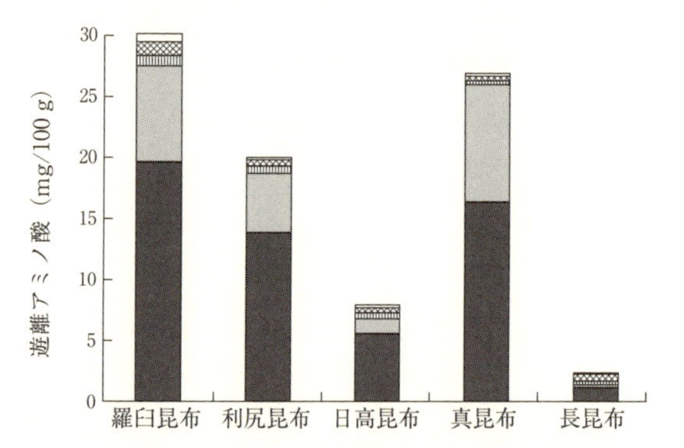


**図 2.9**　各種昆布（2004 年購入）の水だし中の遊離アミノ酸[18)]
昆布は図 2.7 で分析したものと同一のものを使用し水に対して 2 %の昆布（w/v）を投入し 15 分間浸漬した.
その他のアミノ酸と凡例は図 2.7 に同じ.
資料提供：NPO 法人うま味インフォメーションセンター，分析協力：味の素㈱ライフサイエンス研究所.

関与している．筆者らは 2004 年に東京卸売市場で購入した 5 種類の昆布および各昆布の水だし中の遊離アミノ酸の分析を実施した（図 2.8）[18)]．図 2.7 に示した各種昆布とは収穫された年や浜が異なるため，同じ名称の昆布でもアミノ酸含有量が異なることがわかる．重要なことは，大きな特徴としてグルタミン酸，アスパラギン酸が全体の 9 割近くを占めていることである．乾燥昆布中に含まれる遊離アミノ酸は真昆布が最も多いが，水だし中に溶出する遊離アミノ酸は羅臼昆布が最も多く（図 2.9）[18]，昆布の種類による葉の厚みや硬さの相違によるものと考えられる．

昆布だしの味に関与する成分としては遊離アミノ酸のほかに糖アルコールであるマンニトール，ミネラル類のナトリウム，カリウムなどがある．グルタミン酸は昆布だしの呈味成分において中核をなすものであるが，当然のことながらグルタミン酸のみでは昆布の味は再現できない．各種昆布だしの成分分析の結果をもとに，アミノ酸，マンニトール，塩化カリウムなどからなる昆布の再構成エキスを用いて，昆布だしの呈味における役割を調べた結果，グルタミン酸ナトリウムとマンニトール，塩化カリウムの 3 成分が 13：21：65 の割合の時に，最も昆布だしらしい味を再現できることが報告されている．マンニトールは穏やかな甘味，塩化カリウムは苦味のある塩味を持つ物質であるが，これらの成分がグルタミン酸と相互作用することで，昆布だしらしい味が再現される．なお，昆布の表面に付着した白い粉状の物質がグルタミン酸であると誤解されている場合が多いが，これはマンニトールの結晶である．

京都の料亭で最もよく使われている昆布は利尻昆布である．近年，京都の料理人と科学者との取り組みによって，これまで古くから受け継がれてきた伝統の方法，すなわち，昆布を水につけ加熱し沸騰直前に昆布を取り出すという調理方法を改め，60℃で 1 時間加熱するという新しい昆布だしの調理方法を取り入れている店が多数ある．料理人と研究者が集まり種々の条件で検討した結果，この方法を用いることによってうま味が強く，香気成分などによる雑味の少ない良いだしが取れることが確認されている．

また，真昆布を使用し（水に対する昆布の使用量は 1%（w/v））加熱前に 30 分間水に浸漬してから加熱し沸騰直前に昆布を取り上げただし（加熱時間 3.5 分），浸漬なしに直ちに加熱し沸騰直前に昆布を取り上げたもの（加熱時間 3.5 分）および，加熱を延長したもの（加熱時間 7 分）の三つの異なる条件で調理した昆布だしの呈味成分，色，香り，生臭みなどの特徴を調べた結果，水から加熱して沸騰直前で取り出す最も一般的な調理方法よりも，加熱前に昆布を水に 30 分間浸漬したものの方がうま味や総合評価が向上することが報告されている．京都で取り入れられている 60℃で 1 時間加熱という方法も，料理人たちが各種の方法（常温で 30 ～ 60 分放置，60℃で一定時間，あるいは 80℃で一定時間加熱，常温から 80℃まで徐々に昇温するなど）を試みた結果，うま味が強く，昆布から抽出される雑味が少ないなど総合評価が良かったものとして実際に取り入れられている方法である[19]．店によっては夏季と冬季で使う昆布の種類を変えたり，加熱前に十分水に浸漬させるなど各料亭独自の昆布だしの取り方がある．京都では利尻昆布が中心であるが，同じ産地の昆布でも仕入先が異なり，昆布が収穫された地域や浜が異なる．これらの利尻昆布に含まれる総アミノ酸に対するグルタミン酸とアスパラギン酸の占める割合は，おおむね 95%であったが，総アミノ酸量は 2,200 ～ 6,700 mg/100 g と幅があり各料亭の昆布だしの味には相違がある．また，店によっては利尻昆布を 1 年以上，室温 5 ～ 25℃，湿度 50 ～ 65%の蔵に置いて保存した“蔵囲い”昆布を使用している．2004 年 7 月に礼文島香深浜で収穫された天然一等利尻昆布を用いて保存期間 6 か月，12 か月，24 か月の時点の昆布の先端，中央，根の 3 部位を用いて調製した昆布だし（水に対する昆布の割合は 3%（w/v），加熱は 60℃で 1 時間）の遊離グルタミン酸，アスパラギン酸，マンニトール，ナトリウム，カリウムおよび pH を測定したところ，2 年間の保存期間を経過してもこれらの成分に有意な変動は見られなかった[18]．一般に蔵囲いによって昆布が熟成しアミノ酸が増加するといわれているが，各種呈味成分は蔵囲いによっては変動せず，一定の環境下で保存すれば昆布はきわめて保存安定性が良い素晴らしい食材である．これらの昆布は，うま味物質以外の呈味成分や香気成分により，複雑な風味が形成される可能性がある．現実には蔵囲い昆布の方がうま味が強く雑味が少ないだしが取れると実感している料理人も多く，蔵囲いによる長期保存期間中に昆布だしにとって好ましくないにおいの成分が減少し好ましいにおい成分が際立ってくることで，うま味を強く感じている可能性が考えられ，今後の検討が期待される．

### b.　鰹節のだし

鰹節の呈味成分については，各種成分の分析ならびに再構成エキスを用いた各種成分の鰹節の呈味への寄与について調べた結果，鰹節に含まれる呈味成分のうち，呈味有効成分として数種の遊離アミノ酸，核酸関連物質，ペプチド，乳酸，無機塩類など 11 種の成分が鰹節の味に関与していることが確認されている（表 2.3）[20]．これらの成分を混ぜ合わせて作った鰹節の再構成エキスを用いて，ある

**表 2.3** 鰹節中の呈味成分 (mg/100 g)[20]

| 成分 | mg/100 g |
|---|---|
| グルタミン酸 | 23 |
| リジン | 29 |
| ヒスチジン | 1992 |
| カルノシン | 107 |
| 5'-イノシン酸 | 474 |
| イノシン | 186 |
| クレアチニン | 1150 |
| 乳酸 | 3415 |
| ナトリウムイオン | 434 |
| カリウムイオン | 688 |
| 塩素イオン | 1600 |

**表 2.4** 鰹節呈味有効成分の特徴[20]

| | 甘味 | 酸味 | 塩味 | うま味 | 持続性 | コク | まろやかさ |
|---|---|---|---|---|---|---|---|
| グルタミン酸 | + | | | ++ | + | + | + |
| ナトリウムイオン | | | + | | | + | |
| カリウムイオン | | | | + | | + | |
| 塩素イオン | | | | + | + | + | + |
| 5'-イノシン酸 | | | + | ++ | ++ | ++ | + |
| 乳酸 | | ++ | | | | | |
| ヒスチジン | | ++ | | + | | | |
| カルノシン | | | | − | | | −− |

＋：やや増加，＋＋：かなり増加，−：やや減少，−−：かなり減少．

特定の成分を除去した際の呈味効果を調べること（オミッションテスト）によって，各種成分の鰹節の味における役割を知ることができる（表 2.4）[20]．鰹節だしの特徴は，いくつかの多量に含まれる成分が存在することにあり，塩基性の成分としてはアミノ酸の一種であるヒスチジン，ペプチドのアンセリン，クレアチンおよびクレアチンが加熱によって変化したクレアチニン，無機塩類であるナトリウム，カリウムがあげられる．また，酸性の成分としては乳酸，イノシン酸，リン酸イオンや塩化物イオンなどである．生体のエネルギー源であるアデノシン三リン酸（ATP）は死後分解してエビ，カニ，貝類，イカ，タコでは主に 5'-アデニル酸が，魚類では 5'-イノシン酸が蓄積する．鰹節だしにおけるグルタミン酸の役割はうま味に関与するだけではなく，甘味，味の持続性，コク，まろやかさにも関わっている．ナトリウムは塩味やコクに，塩化物イオンはうま味，持続性，コク，まろやかさに，ヒスチジンは酸味とうま味に，乳酸は酸味のほかに鰹節の味全体をまとめる役割がある．

カツオの生肉の水分含量は約75%であるが，煮熟肉70%，生節63.4%，荒節35%，カビ付け途中（4番カビ）20%，鰹節（本枯節）15%と製造工程が進むにつれて水分含量は減少する[21]．特に荒節からカビ付けの工程でその減少量が大きくなり鰹節の保存性を高めることに役立っている．東京築地中央卸売市場にある鰹節店で購入した鰹節を価格の高い順に特上，上，中，並としそれぞれの水分含量を測定した結果，高品質で価格が高いほど水分含量が少なく，ヒスチジン含量は価格の低下とともに減少している．価格が高い高品質の鰹節は保存性に優れているだけではなく，呈味成分もより濃縮され効率よく呈味成分がだし中に抽出される．

近年，カツオ漁船に使われる冷凍船における冷凍技術の向上によって鮮度の良いカツオが鰹節製造に使われるようになった．その結果，鰹節の等級は鮮度に依存していることがわかってきた．すなわち，冷凍技術の優れた冷凍船で運ばれてきたカツオから製造された鰹節にはゼラチンが分解せずに高分子のまま残っており，ゼラチンが分解して低分子化しているカツオから作った鰹節よりも品質の高いものが得られ，さらに，鰹節だしにもゼラチンが含まれ，ゼラチンが鰹節だしの味に関与することが示唆されている[22]．

### c. 煮干しだし

煮干しは材料を煮て干した乾物のことで，イワシだけではなく貝柱やえびなど色々な素材を使った煮干しがある．一般的には主にカタクチイワシの稚魚を煮て干したものをさすことが多い．ここでは一般的な煮干し，すなわちカタクチイワシの煮干しを使っただしの味の成分について紹介する．煮干しのだしの取り方は昆布と同様に煮だし法と水だし法がある．水だし法は煮だし法に比べると時間がかかるが，だしが濁らずにさっぱりとした味である．一方，煮だし法は短時間で仕上がり，種々の香気成分が抽出された雑味を含んだコクのあるだしが取れる．水に対する煮干しの使用量は3%（w/v）程度が最も一般的で，多くの料理書でもこの重量比が紹介されている．煮干しは，素材として用いたカタクチイワシの成長過程によって小羽（体長5～6 cm），中羽（体長7～8 cm），大羽（体長9～11 cm）と分類され，利用される煮干しの大きさに対する好みは地域や家庭によって異なる．以下に中羽を使った煮干しだしの主な呈味成分について紹介する．

3%煮干しだしを用いて，煮だし法では水に煮干しを投入し直ちに加熱を1分～2時間継続，水だし法の場合には水に煮干しを投入し室温で15分～2時間水に漬けてから，1分間加熱したものを用いて官能評価を行った[23]．加熱（沸騰状態で水温は95℃）時間が10～30分あるいは浸水時間2時間において最も生臭みが少なくうま味が強いだしが取れることが報告されている．煮だし法，水だし法のいずれにおいても遊離アミノ酸は加熱1～5分あるいは浸水0～0.25時間において増加し，ヒスチジン，アラニン，グルタミン酸が多く含まれている（図2.10）．さらに煮だし法では，ペプチド態アミノ酸が加熱とともに増加し，加熱30分において25 mg/100 mL程度，水だし法の場合は24時間浸水で16～20 mg/100 mL程度がだし中に含まれている．このペプチド態アミノ酸にはうま味ペプチドを構成するアミノ酸として知られているグリシン，グルタミン酸，アスパラギン酸が多い．すなわち，煮だし法による煮干しだし中にはうま味を付与するペプチドや香気成分が存在することが，水だし法よりも煮だし法によるだしのうま味の強さとコクに関与しているものと考えられている．

煮干しの核酸系うま味物質であるイノシン酸とアデニル酸については煮だし法，水だし法による溶出量の差は殆どなく，それぞれの濃度は閾値以下である（図2.11）．煮だし法，水だし法のいずれにおいてもグルタミン酸が約2.0 mg/100 mL含まれており，核酸系うま味物質とグルタミン酸との相乗作用によってうま味が強められている．

### d. 干し椎茸のだし

干し椎茸の呈味に関与する成分には5'-ヌクレオチド（グアニル酸，アデニル酸），遊離アミノ酸，低分子ペプチド，糖類，有機酸などが関与している[24]．なかでもグアニル酸は干し椎茸における特徴的なうま味物質として重要な役割を担っている．椎茸は干すことでうま味物質であるグアニル酸が増加すると誤解されていることが多いが，実は干し椎茸そのものにはグアニル酸は含まれず，戻し汁にもほとんど溶出していない．きのこ類などの菌類にはもともと核酸であるRNA（リボ核酸）が多く含まれており，椎茸の乾燥（通常，椎茸を40～60℃で1時間，あるいは2時間ごとに1～2℃ずつ温度を上げて10～15時間乾燥させる）によって細胞膜が壊れ，水で戻して加熱する過程で，RNAを分解する酵素類が活

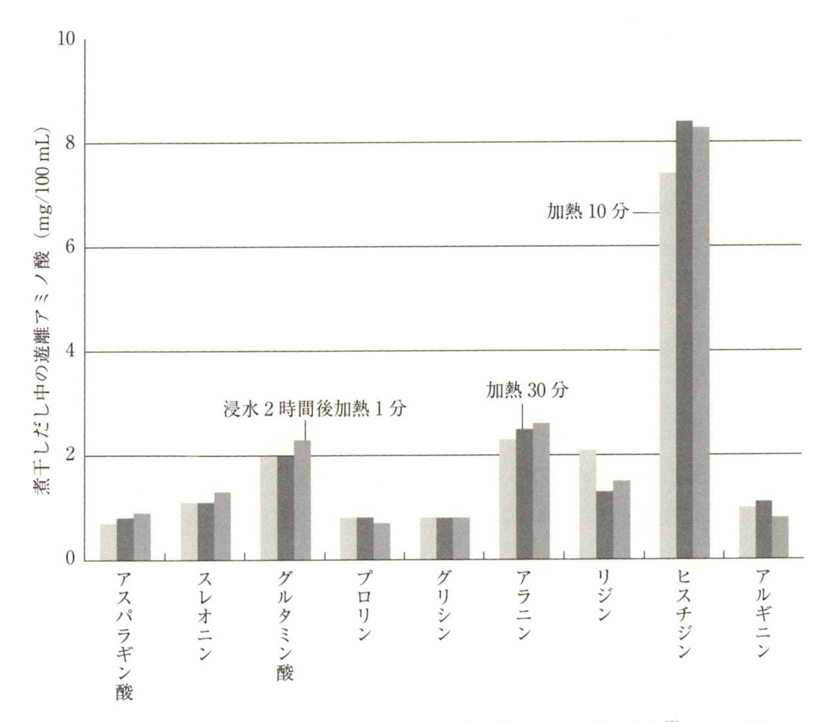


**図 2.10** 各種調理条件における煮干しだし中の各種遊離アミノ酸（文献[23]より作成）

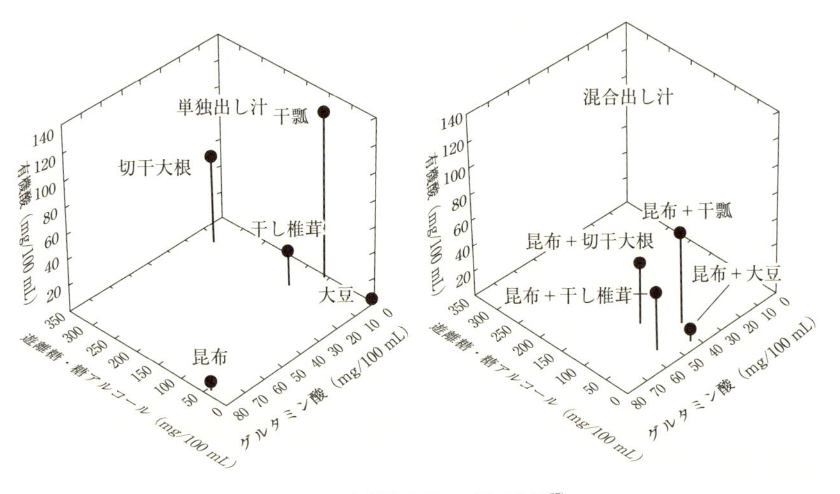


**図 2.11** 各種精進だしの呈味特性[27]

性化することによってRNAが分解しグアニル酸が生じる．干し椎茸にはRNA分解酵素であるリボヌクレアーゼと5'-ヌクレオチド（グアニル酸，アデニル酸）分解酵素であるフォスフォモノエステラーゼという二つの酵素が含まれている．リボヌクレアーゼが働けば，干し椎茸中に含まれているRNAが分解しグアニル酸（うま味物質）が生成するが，フォスフォモノエステラーゼが働くと，せっかく戻し汁中に溶出してきたグアニル酸が分解されグアノシン（うま味を持たない物質）になってしまうのでうま味は弱くなる．RNA分解酵素は65～70℃の比較的高温で最大活性を示し，ヌクレオチド分解酵素は40～60℃で最大活性を示す[25]．

干し椎茸特有のうま味物質の生成と分解が起こる中で，最も効率よくうま味物質をだし中に蓄積する方法が種々検討されてきている．干し椎茸は水戻しした後の戻し汁はだし用に，そして水分を吸ってふっくらとした椎茸自身は食材として使われるので，素材そのものの食材としての価値も問われる．花冬菇，並冬菇，並香信，茶撰の4銘柄について5℃，15℃，25℃，40℃，60℃で干し椎茸を20倍量の水で戻すと，いずれの銘柄でも干し椎茸は浸漬開始直後に急速に吸水し，浸漬5時間以降はゆるやかに平衡に近づいていく．また，椎茸の単位重量あたりの吸水量は水の温度が上がると，特に60℃では明らかに減少する．さらに，戻す際に使う水温が25℃以下であれば，水温が高いほど吸水率が高く，水戻しに必要な時間は短縮されるが，水温が40℃以上となると椎茸が十分に水分を吸収するまでの時間が長くなり戻し汁は褐変する．戻し汁の温度を高くすると椎茸の組織が熱変性し保水力は低下する．食材として干し椎茸を利用する場合には低温で十分吸水させたものがよいことになる．戻し汁はいったん加熱することでグアニル酸の生成と蓄積が行われる．水戻しだけの場合に比べて，水戻し後に3分間沸騰させた場合にはグアニル酸は2～3倍に増加すること，さらに水戻しの水温が5～25℃程度の時にグアニル酸の生成量が多くなる[26]（図2.12）．一方，水戻しの温度が高い（40～60℃）場合は，RNAやグアニル酸の抽出量が多くてもヌクレオチド分解酵素によってうま味物質であるグアニル酸は分解されてしまい，結果的に戻し汁中のグアニル酸量は少なくなってしまう．干し椎茸の戻し汁のみを試料として採取し，グアニル酸の蓄積について検討した結果，戻す際の水温が25℃以下で5時間程度の浸漬がよいことが確認されており，その後65℃，20分間の加熱によって戻し汁中のグアニル酸含量が増加することが報告されている．二つの酵素の

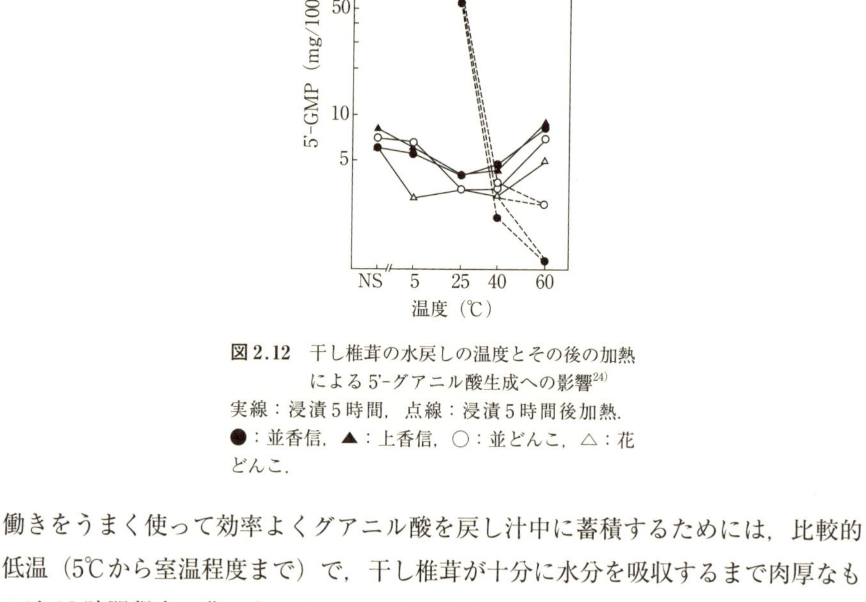
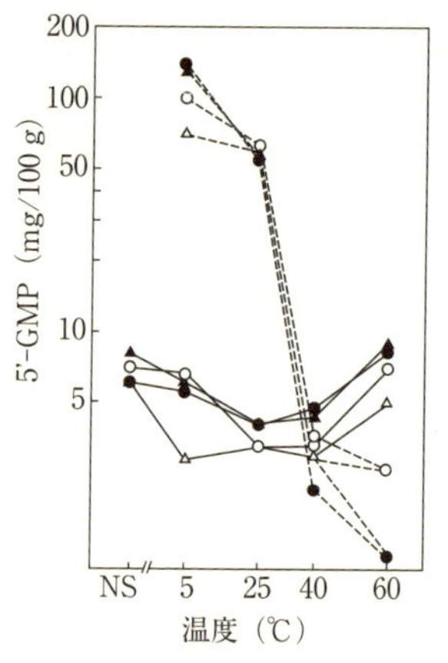


**図 2.12**　干し椎茸の水戻しの温度とその後の加熱による 5'-グアニル酸生成への影響[24)]
実線：浸漬 5 時間，点線：浸漬 5 時間後加熱．
●：並香信，▲：上香信，○：並どんこ，△：花どんこ．

働きをうまく使って効率よくグアニル酸を戻し汁中に蓄積するためには，比較的低温（5℃から室温程度まで）で，干し椎茸が十分に水分を吸収するまで肉厚なものは 12 時間程度，薄いものは 4 ～ 5 時間程度の浸漬を行い，その後の加熱は沸騰 3 分間あるいは 65℃で 20 分程度の加熱が最も効率的であると考えられる．うま味物質であるグアニル酸を分解してしまう酵素は 40 ～ 60℃で最も活性が高くなるので，この温度帯を早く通過して温度を 65℃まで上げることが重要である．水に浸漬している間に椎茸および戻し汁中に遊離アミノ酸（グルタミン酸，グリシン，アラニン，アスパラギン酸など）が増加し，グアニル酸とグルタミン酸の相乗作用によってうま味が増強されるが，浸漬時間が 15 ～ 25 時間と長くなると苦味のあるアミノ酸であるフェニルアラニン，ロイシン，イソロイシン，バリン，メチオニンなどが溶出してくることが報告されており，戻し汁の呈味に関与すると考えられる．ただし，うま味物質であるグルタミン酸は加熱調理で分解されることはない．

### e. 精進だし

動物性素材を一切使用しない精進だしは寛永 20 年（1643 年）に刊行された『料理物語』において「精進のだしは　かんへう，昆布，ほしたで，もちごめ，ほしかぶら，右之内取合よし」と記載されており，禅宗修行道場において使用されてきた．精進だしの素材として使用されてきている昆布，干し椎茸，切干大根，干瓢，大豆を用いただしの主な呈味成分について紹介する[27]．ここで紹介する精進だしは，いずれも各素材を蒸留水に対して4%（w/v）使用し，5℃の冷蔵庫に8時間放置して得た水だしである．それぞれのだし素材は北海道産一等利尻昆布，干し椎茸は大分県産の原木栽培の並香信，宮崎県産の天日乾燥の切干大根，栃木県産の無漂白の干瓢，群馬県産の大豆である．

昆布だしの呈味成分については，すでに前章で紹介したように，アミノ酸であるグルタミン酸とアスパラギン酸，糖アルコールであるマンニトール，無機塩類のナトリウム，カリウムなどである．精進だしに使われる植物性素材におけるうま味物質はグルタミン酸，アスパラギン酸といったアミノ酸のほかに核酸系うま味物質であるグアニル酸である．精進だしに用いられる干し椎茸，切干大根，干瓢，大豆を，いずれも8時間冷蔵庫内で放置した水だしにおけるグアニル酸の量は，切干大根が最も多い．グアニル酸はグルタミン酸との相乗作用によってうま味を強めるが，各種だしにおけるグルタミン酸の量は昆布が最も多く，干し椎茸，切干大根，干瓢，大豆の順である．うま味物質以外に呈味に関与する物質としては，無機塩類（ミネラル），有機酸，遊離糖・糖アルコールなどが知られている．無機塩類については，ナトリウムが昆布に最も多く含まれているのに対し，カリウムは大豆だし以外のすべてのだしにおいて高い値を示している．また，精進だしの素材には干瓢のように酸味が含まれているものもあり，有機酸の総含有量は干瓢において最も高く，特にリンゴ酸，クエン酸が多く検出されている．また，切干大根だしにはグルコースやシュクロースといった甘味度の高い遊離糖が多く含まれており，このことが切干大根だしの味を特徴づけている．各種だしに含まれるグルタミン酸とグアニル酸の分析値からうま味強度を算出，また，甘味はシュクロースの甘味強度を100，グルコースを70，マンニトールとアラビトールを50，マンノースとトレハロースを40として換算，酸味は各種だしに含まれる有機酸の数値を合算し，それぞれの精進だしおよび，水に対して昆布2%（w/v）および昆布以外の素材を2%（w/v）合わせて8時間浸漬した混合だしについて3次元上にプロットした結果を図2.13に示した．単独の素材によるだしでは，昆布だしはうま味が強く，切干大根だしは甘味が強いが，干瓢だしは酸味を持つだしで

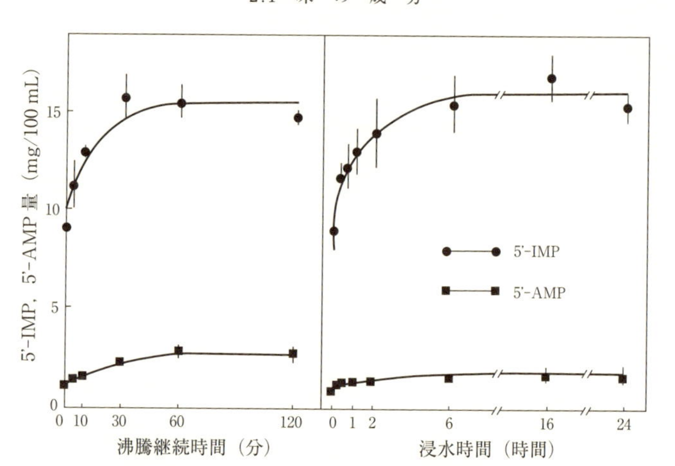


**図 2.13**　煮干だし中の核酸関連物質の経時変化[23]

あるのに対し，干し椎茸だしと大豆だしでは特に大きな呈味の特徴は見られない．一方，素材から抽出される香気成分により，特徴的な味わいを有する精進だしが出来上がる．いずれのだしも昆布のグルタミン酸によってうま味が強められ，さらに，乾物素材が持つ核酸関連物質であるグアニル酸やアデニル酸とグルタミン酸の相乗効果によってうま味が増強される．鰹節が使用できないという制限の中で保存がきく乾物素材を上手く利用してつくられたのが精進だしである．干し椎茸の項で述べたように，戻し汁を 65℃ で 20 分程度加熱することでグアニル酸が増加することが報告されており，各種精進だしの素材を用いた戻し汁の加熱による核酸系うま味物質の変化についても今後の検討課題である．

以上のように，和風だしは，うま味物質をベースとしたものであり，調理する食材の味わいを引き出すために使用されるが，だし素材を工夫することで，より複雑な味わい（コク）を作り出すことも可能である．一方では，コクが強くなりすぎると，和食の素材の味わいを壊す可能性もあるので，注意が必要である．

**[二宮くみ子・西村敏英]**

## 文　献

1)　池田菊苗（1909）．新調味料について．東京化学会誌，**30**：820-836．
2)　K. Ikeda (1912). On the taste of the salt of glutamic acid (Abstract). The 8th International

Congress of Applied Chemistry, p.147.
3) 小玉新太郎（1913）．イノシン酸の分離法に就いて．東京化学会誌，**34**：751-757.
4) 丸山郁子，山口静子（1994）．うま味の感受性部位と呈味特性．日本味と匂学会誌，**1**：320-323.
5) 丸山郁子，山口静子（1996）．刺激量がうま味の感受性に及ぼす影響．日本味と匂学会誌，**3**：632-625.
6) 國中　明（1960）．核酸関連化合物の呈味作用に関する研究．日本農芸化学誌，**34**：489-492.
7) 特集：うま味発見100年記念公開シンポジウム，日本味と匂学会誌，**15**（2）別冊，（2008）.
8) S. Yamaguchi（1979）．The Umami taste. In Food Taste Chemistry（Boudreau J.C. ed.), American Chemical Soceity, pp.33-35.
9) S. Yamaguchi（1967）．The synergistic taste effect of monosodiuim glutmate and disodium 5'-isoninate. *J Food Sci*, **32**：473-478.
10) 山口静子（2008）．うま味の基本特性とおいしさへの寄与．日本味と匂学会誌，**15**（2）：145-148.
11) 早川有紀，河合美佐子ほか（2008）．うま味刺激による唾液分泌促進効果．2008年度味と匂学会第42回大会，日本味と匂学会誌，**15**：367-370.
12) 河合美佐子，鳥居邦夫（2007）．アミノ酸のうま味．タンパク質とアミノ酸の科学（岸　恭一，西村敏英監修），pp.251-269，工業調査会.
13) T. Nishimura, S. Goto et al. (2016). Umami compounds enhance the intensity of retronasal sensation of aromas from model Chicken soups. *Food Chemistry*, **196**：577.
14) T. Nishimura, M. Koto et al. (2016). Phytosterols in onion contribute to a sensation of lingering of aroma, a koku attribute. *Food Chemistry*, **192**：724.
15) M. Kuroda et al. (2013). Determination and quantification of the kokumi peptide, γ-glutamyl-valyl-glycine, in commercial soy sauces. *Food Chemistry*, **141**；823.
16) 上田要一（1997）．だし中の“こく”，“あつみ”成分の研究．日本味と匂学会誌，**4**（2）：197-200.
17) 西塔正孝，平野絵美ほか（2005）．食用昆布5種類の遊離アミノ酸含量について．女子栄養大学紀要，**36**：71-74.
18) 二宮くみ子（2010）．日本および西洋料理における‘だし’に関する研究，広島大学大学院生物圏科学研究科博士論文.
19) 柴田書店編（2006）．だしの基本と日本料理—うま味のもとを解き明かす，柴田書店.
20) S. Fuke, S. Konosu（1991）．Taste active components in some foods: A review of Japanese research. *Physiol Behav*, **49**：863-868.
21) 藤田孝夫，橋本芳郎（1959）．食品中のイノシン酸含量-II かつお節．日本水産学会誌，**25**（4）：312-315.
22) 福家眞也（2005）．かつおエキス，だしの成分と呈味性．日本人はなぜかつおを食べてきたのか：かつおフォーラム開催記録，味の素食の文化センター.
23) 脇田美佳，平田裕子ほか（1991）．煮干だし汁の溶出成分と呈味性との関係．日本家政学会誌，**42**（12）：1051-1057.
24) 青柳康夫，菅原龍幸（1986）．干し椎茸の水もどしに関する一考察．日本食品工業学会誌，**33**（4）：244-249.
25) 黒須泰行，岩黒大志（2008）．椎茸中のグアニル酸に関する研究．国際学院埼玉短期大学研究紀要，**29**：87-91.
26) 佐々木弘子，中村尚子ほか（1988）．干し椎茸の水もどしと加熱調理における遊離アミノ酸の挙動について．日本食品工業学会誌，**35**（2）：90-97.
27) 東口みづか（2005）．精進出し汁の呈味特性と調理適正．日本食生活学会誌，**15**（4）：253-260.

## 2.2 香りの成分

動物性，植物性素材を水中で煮熟し，呈味成分・香り成分を浸出させる調理法，すなわち“だし”をとるということは，食品をおいしく食べるため洋の東西を問わず普遍的に行われている手法であろう．そこで抽出される呈味成分はグルタミン酸，アスパラギン酸などのアミノ酸類やイノシン酸を代表とする核酸類など，西洋でも日本でもほぼ変わりはない．我々人類は共通してそれらの化合物においしさを感じるといえる．しかし呈味成分は同じでも，西洋のだしと日本のだしではまるで“味”が違う．例えばトマトを煮込んだ際の主要な呈味成分であるグルタミン酸，アスパラギン酸は昆布の主要成分でもあるが，それらの“味”は似ても似つかない．実際に我々が食品の“味”と感じている感覚には，香り成分が重要な役割を果たしているからである．

食品の香りには，食べる前に漂う“におい”と，食品を口に含んだ時に口腔内に放出され，のどの奥から鼻に抜けて感じる“におい”の2種がある（図2.14）．前者は「オルトネーザルなにおい」といわれ，いわゆる鼻でかぐ香りである．後者は「レトロネーザルなにおい」といわれ，これが呈味の刺激と同時に知覚され，風味として感じる．日本語では“風味”がいわゆる“味”という言葉と混同されて用いられる．風邪をひくと“味”がわからなくなるとよく言われるが，それは

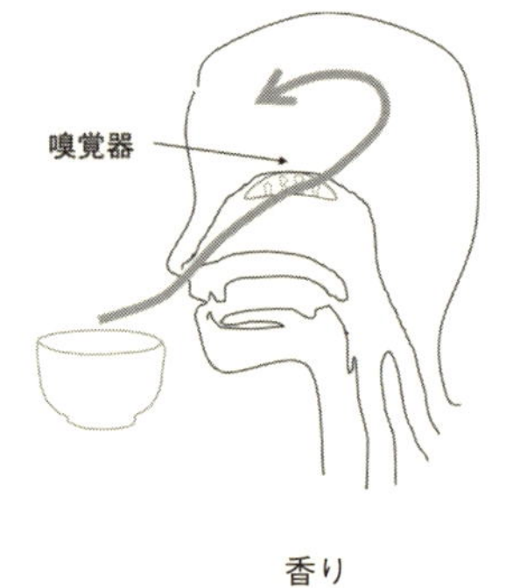

香り
（オルトネーザルなにおい）

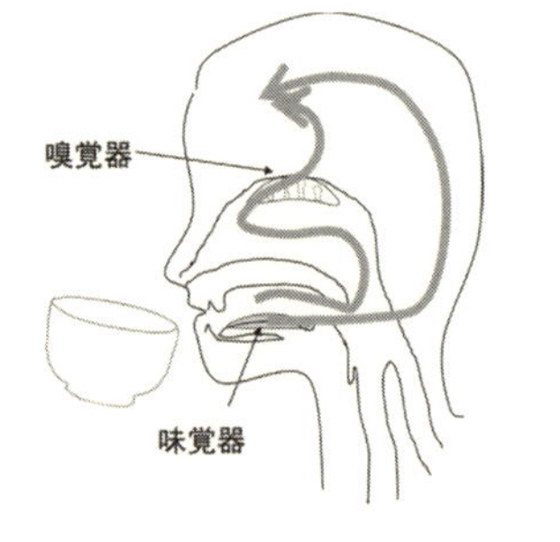

風味
（レトロネーザルなにおい＋呈味）

図2.14 香りと風味

鼻が詰まってにおいがわからなくなる状態である．このことからも，食品を味わう上でいかににおいが重要であるかを示しているともいえよう．においと味は相互に影響しあい，複雑な味わいを作り出す．時にはほんの微量なにおい成分が全体の風味を決定づけることもある．本節ではそのような観点から香りの成分について述べていきたい．

### 2.2.1　香りの分析

香りまたはにおいとは，食品中に含まれる数百～数千の揮発性化合物の集合体である．どのようなにおいになるのかは，含まれている揮発成分の種類，組成によって決まる．その分析のためには，まず食品の素材からそれらの揮発性成分を分離する必要がある．分離方法としては実に様々な手法が考案されており，詳しくは専門書に譲りたい．食品から揮発性成分を分離・濃縮した後，次はガスクロマトグラフィー/質量分析（Gas Chromatography/Mass Spectrometry: GC/MS）により成分を化学的に分析していく．現在の高分解能 GC/MS では，1 回の測定で 1000 を超える化合物を検出することも可能である．しかし揮発性化合物は個々のにおい強度に大きな差があり，含有量が多くてもほとんどにおいが感じられないものや，非常に微量でも強いにおいを持つものがある．そこで必要なのが GC の出口で人間の鼻を使ってにおいを検出する GC/においかぎ（GC/Olfactometry; GC/O）の手法である．GC で分離されたピークを直接人間が嗅ぐことによって，においを感じることのできる成分を探し出すことができる（図 2.15）．

GC/O をさらに定量的に行うために AEDA（aroma extract dilution analysis）という手法がある[1]．揮発性成分の濃縮物を無臭の溶媒で一定の倍率に希釈して

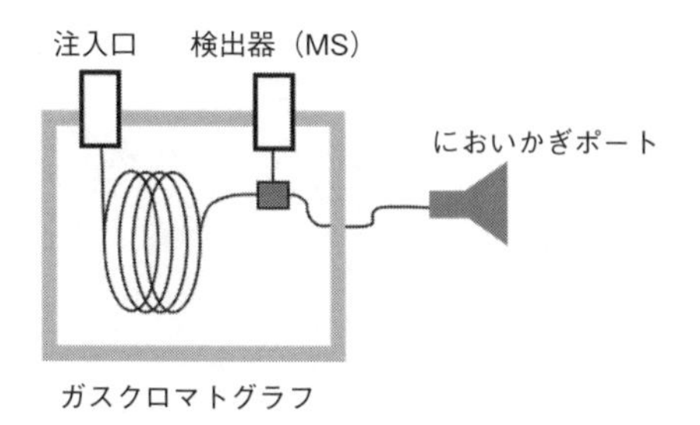


図 2.15　ガスクロマトグラフィーにおいかぎ装置

いき，それらをすべてGC/O測定し，においを感じる個所をチェックしていく．希釈倍率が高まればそれだけにおいは薄くなるので，クロマトグラム上のある点におけるにおいが感じられる最高希釈倍率がその成分のにおいの強さの指標となる．この倍率をFD値（flavor dilution value）といい，この値が高いほど，その化合物が元の食品のにおいに大きく寄与していると解釈することができる．AEDAは数多くのピークの中から香気に寄与する成分を数種～数十種に絞り込むことができるため，においの分析法として近年多用されている手法である．

### 2.2.2 香りに寄与する成分

干し椎茸，昆布，鰹節など，日本で伝統的に用いられているだしの素材はほとんどが乾燥品である．乾燥することにより素材の保存性が高まるのはもちろんであるが，その過程でうま味成分や独特の香気が形成されることが重要である．だしを取る際には，素材のうま味や香りを損なわないように，最低限の加熱での抽出が基本となる．

#### a. 干し椎茸

椎茸は新鮮な状態ではにおいが弱く，粉砕・乾燥することで独特のうま味と香りが発生する．その機構として，レンチニン酸から酵素的にレンチオニンをはじめとする各種含硫化合物が生成する経路が提唱されており，それらが干し椎茸香気の寄与成分であるとされている（図2.16）[2,3]．

時友らは干し椎茸の水戻し条件の違いによる風味の差異について，化学的・官能的に検証している[4]．水温と戻し時間をA：38℃，30分，B：70℃，30分，C：22℃，6時間の3種とし，それぞれの戻し汁中の5'-グアニル酸量とにおい物質の分析を行った．5'-グアニル酸量はBにおいて最も多く，AはBの14%，Cは6%量しか含有されていなかった．におい成分の分析では，AEDAにより表2.5に示した化合物が重要香気成分として絞り込まれ，Cにおいて2種を除きすべての化合物でFD値が最も高くなった．戻し汁の官能評価を行ったところ，食べる前に最も強いにおいを感じたのはCであり，食べた時の味は，5'-グアニル酸量が最も少ないにもかかわらずCが最も強く，うま味についてもAに比べて強く，Bとほとんど変わらないと評価された．我々がだしを喫食する際に感じる“味”，“うま味”の強さは，香り成分により大きな影響を受けていることが示唆さ

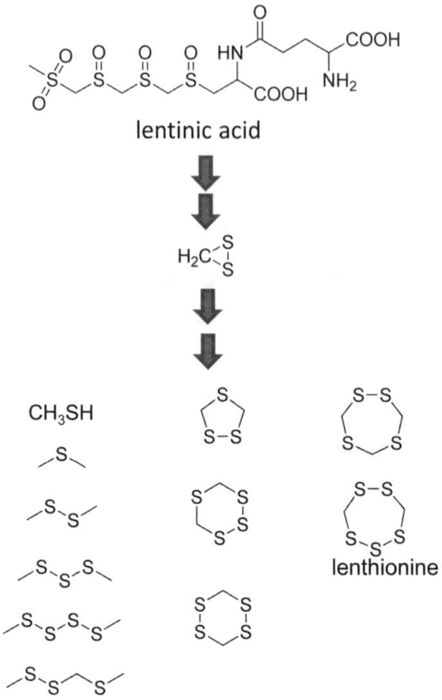

図 2.16　椎茸中に見出された含硫化合物（文献[2,3]を改変）

れる例といえる．

### b. 昆　布

梶原らは，生の昆布の主要なにおい成分として $C_6$ と $C_9$ のアルデヒド類，アルコール類，すなわち（*E*）-2-nonenal，（*E*）-2-nonenol，hexanal，（*E*）-2-hexenol，（*Z*）-3-hexenol をあげ，これらが陸上の植物体と同様に植物体に含まれる不飽和脂肪酸からリポキシゲナーゼの働きにより生成すると述べている[5]．

今関らは利尻昆布および日高昆布のだし汁の香気成分を比較し，だしの官能特性の特徴づけを行っている（表 2.6）[6]．香気貢献度が高い成分の中で，1-octen-3-one，*trans*-4,5-epoxy-(*E*)-2-decenal は両者に共通しており，利尻昆布では(*E*)-2-hexenal，（*E*）-2-nonenal，（2*E*,6*Z*）-nona-2,6-dienal が，日高昆布では(2*E*,4*E*)-nona-2,4-dienal，（2*E*,4*E*）-deca-2,4-dienal がそれぞれ高い FD 値で検出され，この違いが 2 種の昆布だしの風味の差（利尻昆布：金属臭や青臭いにおいが強い，日

**表 2.5** 干し椎茸水戻し汁中の主な香気寄与成分（文献[4]を改変）

| RI | FD 値 | | | においの質 | 香気成分 |
|---|---|---|---|---|---|
| | A：38℃ 30分 | B：70℃ 30分 | C：22℃ 6時間 | | |
| 803 | 1 | 4 | 64 | 草のにおい | hexanal |
| 901 | 1 | 4 | 16 | ジャガイモ | methional |
| 957 | 4 | 64 | 256 | ダイコン | dimethyl trisulfide |
| 985 | — | — | 1 | キノコ，椎茸 | 1-octen-3-ol |
| 1000 | — | — | 1 | キノコ，椎茸 | 3-octanol |
| 1075 | 4 | 1 | 16 | 椎茸，糞臭 | 1,2,4-trithiolane |
| 1105 | 4 | 16 | 256 | ローストピーナツ，セロリ | methyl (methylthio) methyl disulfide |
| 1163 | 1 | 1 | 16 | コンソメ，ポテトチップ | unknown |
| 1202 | — | 4 | 1024 | 椎茸，ダイコン | dimethyl tetrasulfide |
| 1330 | 1 | — | 64 | 干し椎茸 | 1,2,4,5-tetrathiane |
| 1346 | — | — | 64 | 糞臭 | unknown (sufur compound) |
| 1356 | 16 | 64 | 16 | ジャガイモ，ニンニク，バター | unknown (sufur compound) |
| 1372 | 4 | 16 | 16 | 鉄のにおい | unknown |
| 1397 | 4 | — | 1 | 草，ほこりくさい | unknown (sufur compound) |
| 1581 | — | 1 | 1024 | チーズの焦げたにおい | 1,2,4,6-tetrathiepane |
| 1733 | — | — | 64 | ナッツ，不快臭 | 1,2,3,5,6-pentathiepane (lenthionine) |

**表 2.6** 昆布だし中の主な香気寄与成分（文献[6]を改変）

| RI | FD 値 | | においの質 | 香気成分 |
|---|---|---|---|---|
| | 利尻昆布 | 日高昆布 | | |
| 1223 | 4 | — | green | (*E*)-2-hexenal |
| 1540 | 32 | — | green, fatty | (*E*)-2-nonenal |
| 1588 | 32 | 8 | cucumber | (2*E*,6*Z*)-nona-2,6-dienal |
| 1489 | 32 | 4 | green, oily | (*Z*)-1,5-octadien-3-ol |
| 1944 | 4 | — | ocean, ionone | $\beta$-ionone |
| 1457 | 4 | — | oily, fruity | 1-octen-3-ol |
| 1304 | 32 | 32 | fatty, mushroom | 1-octen-3-one |
| 1999 | 32 | 32 | metallic, fatty, sour | *trans*-4,5-epoxy-(*E*)-2-decenal |
| 2036 | 8 | 16 | sweet, fruity | 2,5-dimethyl-4-hydroxy-3(2*H*)-furanone |
| 1396 | 2 | 8 | fatty, green | nonanal |
| 1329 | — | 16 | green | (*E*)-2-heptenal |
| 1702 | — | 32 | fatty | (2*E*,4*E*)-nona-2,4-dienal |
| 1812 | — | 32 | fatty | (2*E*,4*E*)-deca-2,4-dienal |

高昆布：動物臭や段ボール臭が特徴）に寄与していると報告している．また，*trans*-4,5-epoxy-(*E*)-2-decenalを除いた化合物でにおいの再構築液を作り，*trans*-4,5-epoxy-(*E*)-2-decenalを添加した時の風味を官能的に評価したところ，添加後に全体が昆布らしいにおいとなったことから，この化合物が昆布だしを特徴づける重要な化合物であると結論づけている．

### c. 鰹　節

鰹節は日本のだし素材の中でも最も複雑な工程で製造される．鮮魚を煮熟してから，焙乾と呼ばれるくん煙下での乾燥工程を複数回経て製造されるのが荒節，そこからカビ付け・乾燥を繰り返したものが本枯節である．その香りも非常に複雑で，今までにも多くの研究がなされてきたが，鰹節の香りのキーとなる化合物は発見されていない．

川口らは鰹節を製造する際の香りの変化に着目し，工程ごとの香りを分析した．その結果，焙乾工程において，くん煙が鰹に接触することで，guaiacol，4-methylguaiacol，*o*-cresolなどのフェノール類が鰹に移行し，さらにくん煙中の$\alpha$-ジカルボニル類や$\alpha$-ケトアルコール類が，鰹中のアミノ酸，アンモニアなどと反応してピラジン類を生成することで，鰹節の基本となる香りが完成されると報告している（図2.17）[7]．

筆者らは鰹節の超臨界二酸化炭素抽出物から香気を捕集し，AEDAによる香気寄与成分の探索を行い，FD値の上位10成分を同定した[8]（表2.7）．その中で，木材様，段ボール様香気を有する（4*Z*,7*Z*)-trideca-4,7-dienal（TDD）は鰹節から初めて見出された化合物であり，水中での閾値もオルトネーザルでは14 ppt，レトロネーザルでは0.1 pptと非常に低い値を示したことから，我々はこの化合物に着目し，さらに官能に及ぼす効果を検証した．

その手法として頭部の血流変化を測定できるNIRS（near-infrared spectroscopy，近赤外分光法）を用いた．通常，神経活動が活性化されるとその部分の酸素消費量が上がり，それに伴い血流量が増え酸素化ヘモグロビン濃度が局所的に増大する．NIRSはその変化を，時間を追って計測する手法である．特にこめかみ部分の血流変化は唾液腺活動を反映しており，食品を喫食している時の唾液腺活動の程度，すなわち，おいしい・もっと食べたいという情動を測ることができると考えられている．

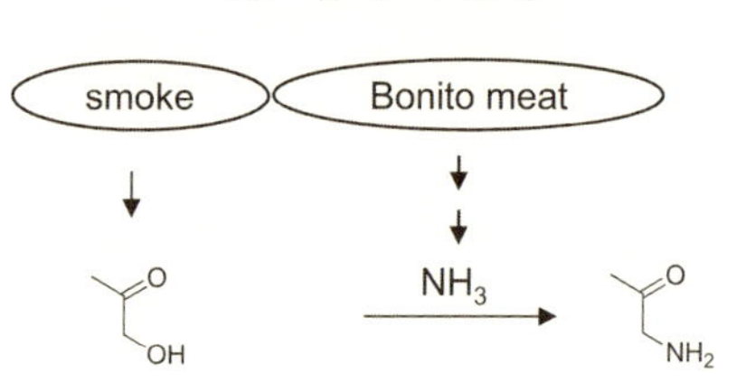

**図 2.17** 鰹節中に発生するピラジンの推定生成経路[7)]

**表 2.7** AEDA 法による鰹荒節超臨界二酸化炭素抽出物の主な香気寄与成分

| RI | FD 値 | においの質 | 香気成分 |
|---|---|---|---|
| 1894 | 15625 | mediciny | 2-methoxyphenol |
| 1906 | 3125 | woody, cardboard-like | (4*Z*,7*Z*)-trideca-4,7-dienal |
| 1940 | 3125 | phenolic | 2,6-dimethylphenol |
| 1976 | 3125 | mediciny | 2-methoxy-5-methylphenol |
| 2055 | 3125 | sweet | 2,5-dimethyl-4-hydroxy-3(2*H*)-furanone |
| 2097 | 3125 | metalic | (2*E*,7*Z*)-trans-4,5-epoxydeca-2,7-dienal |
| 2144 | 3125 | woody, phenolic | 2-methoxy-4-propylphenol |
| 2302 | 3125 | mediciny | 2,6-dimethoxyphenol |
| 2442 | 3125 | woody, phenolic | 4-ethyl-2,6-dimethoxyphenol |
| 2614 | 3125 | sweet, vanilla-like | vanillin |

FD 値 3125 以上を抜粋.

まず鰹節だしに含まれるアミノ酸，核酸，塩分などの分析結果をもとに各化合物で再構築液を作成し，だし味溶液とした．におい部分の再構築液は先の鰹節超臨界抽出物の香気分析から TDD を除いた寄与率の高い化合物の定量値から作成し，鰹節香料とした．10 名のパネルで，だし味溶液のみ（A）と，だし味溶液に鰹節香料を添加した液（B）の 2 種の試料液について，官能評価と NIRS による唾液腺血流応答を測定した．官能評価では 10 名のうち 5 名は A に比べ B の方に香りとだし味の調和を感じ，鰹節だしらしさ，おいしさを感じたが，残り 5 名は調和を感じられず，鰹節だしらしさを感じないという結果となった（図 2.18）．血流応答についても，調和を感じた群では A と比較して B では有意な増強が見られたが，調和を感じない群では差は見られなかった（図 2.19）．不調和群のパネル

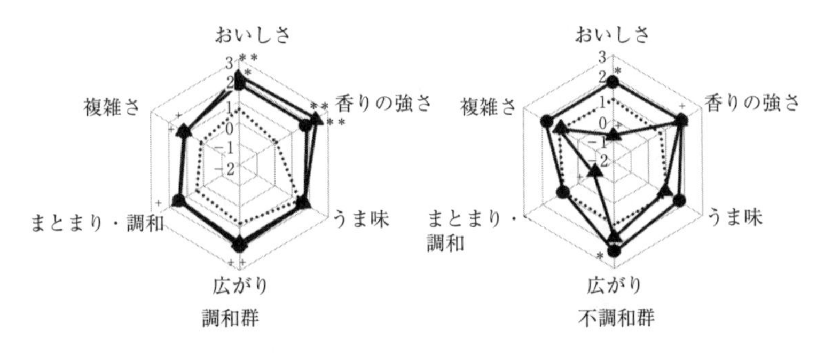


…… A：だし味溶液
▲ B：だし味溶液＋鰹節香料
● C：だし味溶液＋鰹節香料＋TDD

$**p<0.01$, $*p<0.05$, $+p<0.1$
Mann-Whitney's $U$-test vs だし溶液

**図 2.18**　鰹節だしに対する（4*Z*,7*Z*)-Trideca-4,7-dienal（TDD）の官能への効果

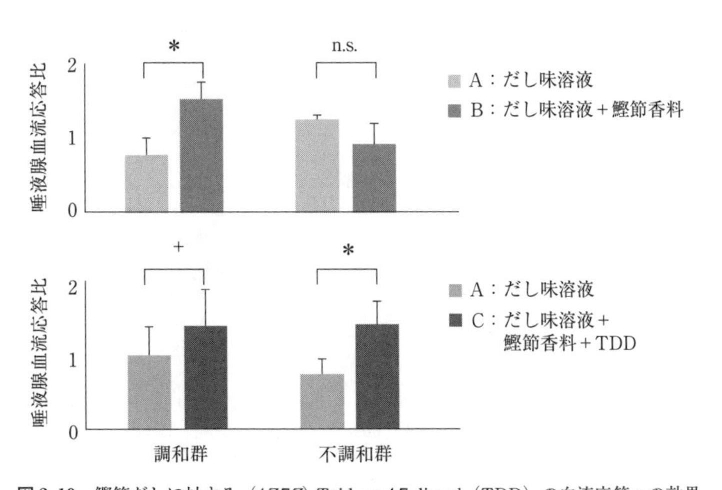


**図 2.19**　鰹節だしに対する（4*Z*,7*Z*)-Trideca-4,7-dienal（TDD）の血流応答への効果
＊：$p<0.05$，＋：$p<0.1$，n.s.：not significant（$t$-test）.

は，試料液Bによる風味では，これまでの食経験による鰹節だしの風味と比べ満足できないと感じたものと思われた．次に，だし味溶液に先の鰹節香料を添加しさらにTDDを加えた溶液をCとして両群のパネルによる評価を行った．官能評価の結果，不調和群のパネルも「おいしさ」，「まとまり・調和」の評価が有意に上昇し，鰹節だしらしいおいしさを感じるようになった．また，その際の血流は調和群のパネルと同様に有意に上昇し，おいしさを感じていたことが示唆された[9]．これらの結果から，鰹節だしの風味には，呈味成分だけでなく香りが重要であり，さらに香りの一成分であるTDDは鰹節だしのおいしさに大きく関与していることが示されたものと考えられる．

以上，だしの香り成分について，風味への関わりを中心に紹介した．しかし，だしの香りに寄与する成分はすべてが解明されているわけではなく，さらに風味全体に寄与する成分も今後発見されることもあるだろう．だしの香りとはそれほど複雑であり，それが我々を引きつける魅力であるともいえよう． **［黒林淑子］**

### 文　献

1) P. Schieberle, W. Grosch et al. (1987). Evaluation of the flavour of wheat and rye bread crusts by aroma extract dilution analysis. *Z Lebensm Unters Forsch*, **185**：111-113.
2) K. Morita, S. Kobayashi et al. (1966). Isolation and synthesis of lenthionine, an odorous substance of shiitake, an edible mushroom. *Tetrahedron Letters*, **7**：573-577.
3) C. Chen, C. T. Ho et al. (1986). Identification of sulfurous compounds of shiitake mushroom (Lentinus edodes Sing.). *J Agric Food Chem*, **34**：830-833.
4) 時友裕紀子，田部井尊史（2011）．乾しいたけだし汁の風味成分の分析．平成23年山梨大学教育人間科学部紀要，pp.45-51.
5) 梶原忠彦（1993）．海藻の香り．化学と生物，**31**（10）：676-681.
6) 今関友実，西　栄一ほか（2008）．昆布だしの香気特性．第52回香料・テルペンおよび精油化学に関する討論会講演要旨集，pp.352-354.
7) 川口宏和，石黒恭佑ほか（2001）．かつお節製造工程におけるピラジン類の生成機構及びくん煙由来成分の量的変化．日本食品科学工学会誌，**48**：899-905.
8) 斉藤　司，椎橋裕子ほか（2014）．かつお節の香りに寄与する重要香気成分．日本食品科学工学会誌，**61**：519-527.
9) 松本知奈，齋藤佳奈ほか（2011）．NIRSによるフレーバー添加効果の測定―オプティカルイメージングを用いた香料の開発（12）．日本味とにおい学会誌，**18**：121-422.

## 2.3 だし素材

### 2.3.1 昆　布

日本料理の下支えにはだしが欠かせない．和食のだしは西洋料理のソースや中華料理の調味料とも異なり，素材の味を損なうことなく，料理の味のバランスを取る役割をしている．なかでも昆布は日本独特の食材である．

地球上の様々な海域には海藻が繁殖しているが，我々が昆布と呼ぶ海藻は，北海道近海やロシアの一部，沿海州海域にしかない．現在では日本の数十倍の生産量を誇る中国も，昭和後期に日本から昆布養殖の技術が伝わるまで，すべて日本からの輸入に頼っていた．それほど昆布はわが国独特の食材であり，また，独特な昆布文化を育んできたのである．

### a.　わが国の昆布の歴史

昆布は縄文時代から食されていたようだが，文献で昆布の記述が見られるのは，奈良時代が最初である．『続日本紀』(715 年）に蝦夷から朝廷に蝦布(えびすめ)を献上した記述がある．蝦布とは「蝦（北海道）の布（海藻)」という意味であろう．北海道の土着の人々の間では，様々な食べ物と一緒に煮たきされていたようである．当時北海道産の昆布は大変貴重であり，その価値は金と同値で交換されるほどであったという．当然一般の人々の手に入るものではなく，都では細かく削って薬のように飲んでいたのではないかと思われる．

平安時代，『延喜式』の中に，蝦夷からの昆布が租税として納められている記述が見られる．この時代も貴族を中心とした一部，特権階級の人々に限られた食べ物だった．

料理の世界で昆布が活躍するのは鎌倉時代からである．中国の僧院に伝わる精進料理をはじめ，大陸の食文化が伝わってくると，本来中国にはない昆布が日本で使われるようになった．その理由の一つに，海に囲まれ地理的，気象学的に恵まれ，南北に長い日本列島独特の新鮮で多岐にわたる豊富な食材があったようだ．大陸から伝わる食文化とわが国特有な乾物としての昆布が出会い，日本の豊富な食材に昆布のうま味がほどよく調和したと考えられる．なかでも僧堂での精進料理には，精進だしや煮物，揚げ物に昆布が活躍する．特に昆布をごま油で素揚げする「台引き」と呼ばれる揚げ昆布は，滋味豊かな料理として，厳しい修行の場，僧堂の修行僧の栄養を支えた．しかしながら，この時代においても，精進料理は一部特権階級の料理であった．

戦国時代に入り，昆布は交易品として少しずつ都に運ばれるようになる．流通の拡大により，保存性にすぐれる昆布は戦の兵糧として活躍するようになった．「打ち（鮑)，勝ち（栗)，喜ぶ（よろコブ)」と語呂合わせにも使われ，ゲンを担ぐ武将には珍重された．

昆布が市井の料理屋や家庭料理の中で使われだすのは，江戸時代に入り，松前船交易，あるいは北前船交易といわれる大量輸送時代が始まってからである．

江戸時代後期には，薩摩藩や加賀前田藩がかかわる密貿易も盛んに行われた．薩摩藩は前田藩領内の越中の薬売りたちと手を結び，琉球王朝を介して中国・清の都，北京まで運んでいた．中国大陸内陸部では，ヨード不足による甲状腺疾患が風土病として蔓延しており，その薬として昆布が活躍したという．

江戸時代には食材の調理技術も飛躍的に発展し，昆布を取り巻く環境は大いに変化した．昆布の加工技術も色々と生まれてきた．なかでも，大量の醤油を用いた煮昆布の技術は，今では大阪を代表する特産品「塩昆布」に繋がった．おぼろ昆布やとろろ昆布なども産まれ，昆布の消費が一気に膨らんだ時代である．

松前船交易は昭和初期頃まで活躍し，その後鉄道輸送に引き継がれた．昭和以降昆布の収穫量は安定していたが，近年日本における収穫量は減少傾向にある．昭和 40 年頃の昆布の収穫量は，おおむね 3 万トンであったが，現在はその 3/4 ～ 2/3 の量である．代わって中国での養殖が盛んになり，現在ではわが国の 30 ～ 40 倍以上の生産量があると見られる．海外で見受けられる昆布製品の多くが中国産である．

北海道の昆布収穫量の減少は，地球の温暖化や複合的な海洋汚染に加えて，昆布の漁場の変遷にもよっていると考えられる．高度経済成長の時期から北海道では道路網の整備が急がれ，昆布の漁場である磯の瀬，岩盤が埋め立てられ海岸線は道路で埋め尽くされた．ただし，現在では，少しずつ昔の漁場に戻す政策も取られ，世界唯一の昆布の漁場である北海道での昆布漁の活性化が図られている．

**b.　北海度から敦賀へ：昆布の大量輸送ルート**

北海道を旅するとほとんどの地域で昆布漁を見ることができる．江戸時代，松前藩は幕府から許可を得て道内の開墾事業を推し進めていた．しかし，寒冷な北海道では，当時は米の収獲は望めなかった．代わりに北海道を囲む豊かな漁場が資金源となった．松前藩が家臣に与えた漁場の権利を近江商人らが買い取って，地域の漁業生産者として昆布を収穫・輸送するのである．

北海道で収穫される漁業水産物はすべて長期保存が可能な乾物にして，京都を中心として主に関西へ輸送された．当時としては一番早い輸送手段であった海上輸送でも長期間を要し，海の静かな日本海側のルートが選ばれた．江戸中期の最盛期には約 150 トンもの輸送能力のある“千石船”と呼ばれる大型木造船（図 2.20）が活躍する時代を迎え，一気に北海道の乾物，特に昆布の流通が盛んにな

図 2.20　昆布輸送に活躍した松前船

る．その後も松前船交易時代は長く続き，昭和初期頃まで活躍した．北海道へ向かう時は開拓物資や米やお茶などの食料，衣類など生活物資を運び，戻る際には北海道で収穫された昆布やニシンなどを運ぶ．1 航海で船の建造費が，2 航海目で仕入れ資金が賄え，3 航海目で得る利益は丸儲けであったと言われる．その代わり海難事故も多く，船を失う危険も高かったようだ．今でいうハイリスク・ハイリターンといわれるビジネスであった．

北海道と畿内を結ぶルートは，海路で越前・若狭の中心敦賀に至り，そこから琵琶湖を渡る．敦賀湊は，南北・東西を結ぶ良港として古くから歴史上に現れている．古来より，都，京都への玄関口・中継拠点として栄えてきた敦賀湊は，勢い昆布の荷揚げも当時全国一多く，加工技術や保存技術も発達・普及した結果，現在でもなお［昆布の街，敦賀］として全国に名が知れ渡っている．その後，瀬戸内海を回るルートや，さらに関東まで伸びるルートも開発されてきた．北海道から敦賀へ，また日本全国へ，さらに最終的に中国大陸まで続く，この海・陸の輸送路は総称して“コンブロード”と呼ばれている．

敦賀では，“蔵囲昆布”と呼ばれる独特な保存方法が生まれた．蔵の中の温度，湿度を一定に保ち，むしろで覆い，静かに寝かせる敦賀独特の方法である．江戸時代においては，真夏に収穫された昆布の仕立て作業は秋口まで続き，敦賀湊に運ばれる頃には冬になり，そこで冬を越すことになる．蔵囲いの方法で保存すると，翌年，桜の散る頃に蔵を開けると何とも言えない良い香りがしたそうである．入荷した頃は磯臭さ，昆布臭といった独特の臭いがあった昆布が，時間とともに変化し熟成されるのである．現在では温度・湿度などの庫内環境を自動調整できる蔵囲昆布専用蔵を用い，昆布産地の最高峰といわれる礼文島香深浜産利尻昆布などを少なくとも1年以上の期間，場合によっては2年，3年，10年，…と熟成させる．近年，蔵囲昆布の熟成が科学的に証明されてきた．保管する過程で，昆布に含まれる遊離アミノ酸やピログルタミン酸が増加し，また，コハク酸，乳酸，フマル酸，ギ酸，酢酸などが新たに生成される．その一方で，調理の邪魔をするぬめり成分は少なくなり，それらが総合されて独特のうま味やコクを作り上げるのである．

### c. 日本の食文化を支える昆布のだし

昆布漁は北海道の夏の風物詩である．早朝に船を出し，“まっか”と呼ばれる先が二股に分かれた棹を用いて，海底の岩に根を張っている昆布に巻き付けて船上に引き上げる．港に戻ると，収穫した昆布を玉石を敷いた浜辺（干場，乾場）で天日干しにする．この作業は昆布の品質に影響するので手早く行う必要があり，家族総出の仕事であった．夕方になると，夜の湿気を吸わないように番屋にしまう．天候を見ながら干す・しまうを2日程度繰り返したのち，庵蒸といって番屋の中で保存することにより乾燥を均一化させる．秋になってからきれいに切り揃え成形されて製品として出荷する．収穫から製品化までは人の手で行われる作業であり，「昆布を仕立てる」と表現されている．昆布に含まれる成分は，うま味物質であるグルタミン酸のほか，甘味物質マンニット（マンニトール），ビタミンKをはじめとしたビタミン類，ヨードやカルシウムなどのミネラル，アルギン酸・フコイダンなどの多糖類が含まれている．マンニットは，昆布製品の表面に白く析出することもあるが，昆布だしの重要な味成分である．

昆布が庶民の使える食材となってきたのは，江戸時代からである．精進料理から始まる食文化は，茶の湯との“わび”“さび”の精神と重なり，京都で懐石料理として花開く．

水に恵まれるわが国は，軟水の宝庫である．水の料理ともいわれる日本料理の食文化「だし文化」も，日本ならではのものである．特に関西は硬度が低く，昆布だしのうま味が楽しめる．一方，関東では硬度が若干高く，昆布からのだしが出にくく，代わりにしっかりとした鰹だしのうま味が活躍する．関西の薄味，関東の濃い味も水の特徴から来ているのである．おのずと昆布は関西で大量に消費され，鰹節は関東で多く消費されてきた．

昆布から引いただしは，料理にうま味を加える優れたものであるが，一方で，昆布臭やぬめりは料理の大敵である．京都の多くの料理人が，大量に安価な昆布を使うことより，価格が高くても少量で良いだしが引ける高級な昆布を求めるのはそのためである．「良い昆布でおだしを引きましたね」と言われるようでは昆布屋としては失格であり，「この美味しいだしは何でとりました」と言わしめてはじめて一人前だといわれている．

21世紀に入り，うま味が基本味として科学的に認められるや，昆布の認知度が海外にも広がった．昆布はだしの素材として大いに注目され，和食のだしは各国の料理に取り入れられ始めている．さらに昆布は，低カロリー，豊富な食物繊維，また色々な栄養分も含まれているため，食の素材としても世界各地の料理人の興味を引きつけている．

### d. 昆布の種類と特徴

昆布は，コンブ目コンブ科に属する2年生の藻類である．北海道を中心に，青森・岩手の一部で収穫される．産地はいくつかの地域に分かれ，そこで採れる昆布はそれぞれに独自の特徴を持っている．産地の環境もあるが，そこに生育する昆布自体が近縁ではあるが生物学的に異なる種である[1]．昆布のルーツはシベリヤの沿海州に繁茂するちぢみ昆布と言われており，ここを起源として北海道各地に点在する浜の特徴によりそれぞれ進化して現在の種類に分類されたとの説が有力である．代表的な昆布の種類と産地を表2.8に示す[2]．

それぞれの昆布の収穫量は2014年実績（平成26年度）で見ると利尻昆布は全体の6.6%．羅臼昆布は0.9%，日高昆布は19.5%．真昆布（山だし昆布）は35.8%．残り（37.2%）は根室，釧路で収穫される長昆布である．他に青森，岩手県産の昆布が5.6%を占める（(社) 日本昆布協会調べ)．

昆布業界では昆布の“格付け”も昔から厳格に決められており，それぞれの昆布の産地で“別格浜”“上浜”“中浜”“並浜”といったクラス分けが存在する．ワ

表 2.8 昆布の種類と産地・特徴・用途

| 種類（学名） | 産 地 | 特 徴 | 主な用途 | その他 |
|---|---|---|---|---|
| 利尻昆布（*Laminaria ochotensis*） | 北海道の最北宗谷岬や利尻島・礼文島 | 繊維質は固く，だしが濁らない | 高級だし昆布（精進料理や京の懐石料理） | 香深浜産など島物の専用蔵で長期保管した蔵囲昆布 |
| 真昆布（*Laminaria japonica*） | 津軽海峡，噴火湾沿岸，函館を中心に道南 | 透明感のある上品なだし，繊維質が柔らかい特性 | 高級だし昆布，佃煮昆布の原料 | 大阪を中心に贈答品としても．別名山だし昆布 |
| 羅臼昆布（*Laminaria diabolica*） | 知床半島の太平洋岸 | 濃厚なだし，薄く幅の広い形，繊維質が柔らかい | みそ汁や煮物の合わせだし，そばつゆ，うどん汁，昆布〆，昆布巻き | 別名オニ昆布 |
| 日高昆布（*Laminaria angustata*） | 襟裳岬・日高地方沿岸 | 磯の匂いが強く，肉厚で繊維質が柔らかく煮上がりも早い | 煮昆布，昆布巻き・おでん鍋や松前漬け，煮しめ昆布など | 別名三石昆布 |
| 長昆布（*Laminaria longissima*） | 釧路・根室を中心に太平洋岸 | 収穫量多い | 佃煮昆布，昆布巻きなど，業務用に加工 | 一部の昆布は 6 月，7 月の初めに収穫され，サオ前昆布と呼ばれる |
| がごめ昆布（*Kjellmaniella crassifolia*） | 函館を中心とする道南，青森県の一部 | 表面がでこぼこしている．粘質に富む | おぼろ昆布，とろろ昆布，きざみ昆布など | ぬめり成分はアルギン酸，ラミナラン，フコイダンなど |

インに似て，どこで収穫されたかにより価値が大きく異なるため，収穫された場所名（村や町名，時には地区名も）で流通する．昆布の価格（浜値）の付け方は大きく“入札”と“値決め”の 2 種類ある．値決めは，昆布の種類ごとに生産者や業界代表が集まり，話し合いにより価格（浜値）を決める昆布業界独特の方法である．大量の昆布を迅速に捌く方法として昔から用いられてきたが，近年は昆布の収穫量の減少もあり徐々に入札方式に変わってきている．

### e. 昆布の加工

江戸時代に昆布が大量に入手可能になると，だし昆布として使用する以外に，昆布そのものの付加価値を高めるために加工技術が発達してきた．昆布の加工は，主に煮上げる，削るの 2 種類に大きく区別される．また近年には，昔にはなかった昆布エキスの加工が新たに行われるようになり，業界の活性化に大いに寄与している．

### 1) 手すきおぼろ昆布

昆布を包丁で薄く削り出したもの．昆布は上皮の汚れを取り，両側の耳を切り落し昆布の表面をかき取るように削る．吸い物に浮かべたり，おにぎりに巻いたりと簡単に食べることができ，全国的に消費されている．近年粘りの成分，フコイダンが美容や健康に優れていることが注目され，その成分が多量に含まれる“がごめ昆布”に人気が集中している．北海道では主にそれを原料として削られている．なお，手すきおぼろ昆布は全国の 85％が敦賀で生産されており，現在でも 200 名ほどの昆布職人が日々作業をしている（図 2.21）．

### 2) 佃煮昆布

佃煮昆布は昔から醤油の生産地，小豆島や和歌山周辺，関西で作られてきた．昆布を炊き上げる時に吸い上げる醤油の量が非常に多いため，小瓶などで簡便に醤油を流通・小分けできなかった時代に，醤油を昆布に託して販売していたともいえる．醤油の流通に昆布の果たした役割はとても大きく，今でも大阪名物には佃煮昆布が広く知られている．

また，長昆布は昔から昆布巻きなどに加工され流通している．現在では昔には

図 2.21 手すきおぼろ昆布の作業風景

なかった牛肉巻きや鮎巻きなども工夫され，幅広く販売されている．

### 3） 細工昆布

寺院の精進料理には昆布が多く使われる．細工昆布は元々，精進料理に華やかさを与えるものであったが，それが京料理にも取り入れられた．いくつか数種類が現在でも伝承されており，菊の花に模した菊花昆布，あじろの形に結びあげる吉祥昆布，松葉の形に結びあげる松葉昆布，一つ結びに結びあげる結び昆布などが代表的な細工昆布である．昆布に手ではさみを入れ，結び，編む，といった手加工の技である．油で素揚げして精進料理に供される菊花昆布が代表的だが，その他の細工昆布も同様に素揚げにしたり，椀だねやお茶に浮かべたりして飾りとして利用される．

### 4） とろろ昆布

とろろ昆布の機械削りは一般的な昆布加工といえる．生産量は昆布加工品の中でも群を抜いており，大手メーカーではとろろ削り機械を数十台揃え毎日数千キロ生産している．消費される地域は全国に広がる加工商品である．

### 5） 粉末昆布，昆布エキス

微粉末状に加工される粉末昆布は昆布茶としてよく知られているほか，お茶漬けやふりかけなどいろいろな商品に使用されている．また近年特に，昆布エキスが液状の風味だしやめんつゆに欠かせない加工品となっている．さらに，昆布の優れた栄養価が認識され，健康機能食品などとして商品化が急速にすすめられている．

## おわりに

日本の独特な海藻，昆布はわが国の長い食文化を支えてきたといっても過言ではない．うま味を中心に組み立てられてきた日本料理ならではの味覚である．それと同時に世界でもトップクラスの食材の宝庫，日本列島でしか発展しえなかった文化でもある．

美しい季節ごとの食材．季節感をどこの国よりも大切に考える日本の食文化は，その素材の走り，旬，名残りとそれぞれの短い時節に，自然の移り変わりを愛でるように，それに寄り添い，その時々の味覚を楽しんできた．そのために微妙な食材の移り変わりにも神経を注ぐ．その素材のその時期，時期の持ち味を精一杯楽しむ調理法として，だし文化が育まれてきた．自然のあり方そのものから茶の湯が生まれ，その「わび」「さび」の精神から食文化も育まれてきた．京料理をはじめ全国の和食文化の成り立ちは，日本人の持つ自然観そのものといえる．

［奥井　隆］

### 文　　献

1）奥井海生堂 HP: http://www.konbu.jp/about/culture/image/dashioboegaki.pdf
2）熊倉功夫，伏木　亨監修（2012）．だしとは何か，pp.81-83，アイ・ケイコーポレーション．
3）日本昆布協会，昆布手帳（昆布の銘柄・産地・主な用途など）．
4）奥井　隆（2012）．昆布と日本人，日本経済新聞出版社．

## 2.3.2　鰹節，雑節

鰹節の原料は唯一，鰹のみである．鰹節に適した鰹を使用しないと，最適な加工工程を経ても良質な鰹節は製造できない．雑節と言われる他の魚節（鮪節，鯖節，宗田鰹節，鯵節，鰯節，鮭節など）も各節に最適の原料魚を使用しなくては良質な魚節はできない．

### a.　原　魚

鰹節の原料は凍結鰹が主流である．原料となる鰹の主漁獲海域は中西部太平洋の熱帯～亜熱帯海域であり，“南方鰹”と呼ばれている．しかし，単に南方鰹だから鰹節に適しているとは言えない．近年の漁獲量の変遷を見ると漁労技術の発達により，竿釣漁業に比べ巻網漁業の漁獲量は多くなっている（約 6 倍）[1, 2]．巻網漁業は深層に潜っている鰹も漁獲するため，脂肪分の多い鰹も入っている．鰹節の脂肪分は 4 ～ 5%以上になると“シラタ”という現象が発生する．シラタの発生した節は，削り加工時の粉末発生量が多く，また風味，旨味ともに劣る[3]．さらに，削り花としても，時間の経過とともに削り花の粉末化が進行してしまう．

鰹節の原料の適正脂肪分は，1 ～ 2%前後である．『日本食品標準成分表　2015（七訂）』では，春獲りは 0.5%，秋獲りは 6.2%とその脂肪分は約 12 倍も異なる[4]．そのため春獲りの鰹（初鰹）は鰹節向けに適しているが，秋獲り鰹（戻り鰹）は鰹節には適していない．加工業者は鰹の脂肪分の乗り具合，鮮度と魚価[5] を重視する．

加工用の鰹は漁獲後に高濃度の食塩水（－ 20℃のブライン）で凍結処理される．

加工時は脱塩と解凍を兼ねて，前日より水中にて解凍を行う．解凍槽では外気温，水温，投入量を考慮して何回か水をかえながら作業を行う．巻網漁業では，群れの規模により1回で大量に漁獲される時がある．そのため大量の鰹によりブライン温度が上昇し，鮮度の低下に影響する．また，網の中で鰹が揉まれ，表面に傷のある鰹が入る可能性がある．表面の傷ついた鰹はブライン凍結中に食塩の浸み込みが多くなる．通常の解凍時の脱塩処理では，脱塩不足となり節の段階で塩分2%以上あるような品質の劣る節となる．

原料の鰹の鮮度の指標となるK値と鰹節にした場合のイノシン酸量の関係は，原料鰹の鮮度の低下に伴い鰹節のイノシン酸量は減少する．鰹の鮮度低下を防ぎながら解凍を行う必要がある．反面，鮮度の良すぎる死後硬直前の鰹を使用すると，うま味が少ないだけではなく，煮熟時にねじれと収縮が発生し，鰹節の形状が著しく崩れてしまう．この現象は雑節類でも見られ，原料の鮮度と煮熟のタイミングは重要な管理点である．

**b.　身卸し**

鰹節の形態として販売する“仕上節（姿節）”を製造するには，4.0 kg 付近を境に，小型の魚体は1本の鰹から節を2本作る亀節，大型の魚体は4本の節を作る本節の形態に身卸しを行う．図2.22は本節に身卸したカツオである．血合い骨の部分を境に背側と腹側に分け，背側を背節（雄節），腹側を腹節（雌節）と言う．

雑節類に入るゴマサバ，ヒラサバ，ソウダガツオ，ムロアジの身卸しは，頭を除去した後に内臓を含んだまま煮熟したものと，内臓を除去し煮熟したものの2

図2.22　五枚卸し（中骨を含めて五枚卸しと称する）

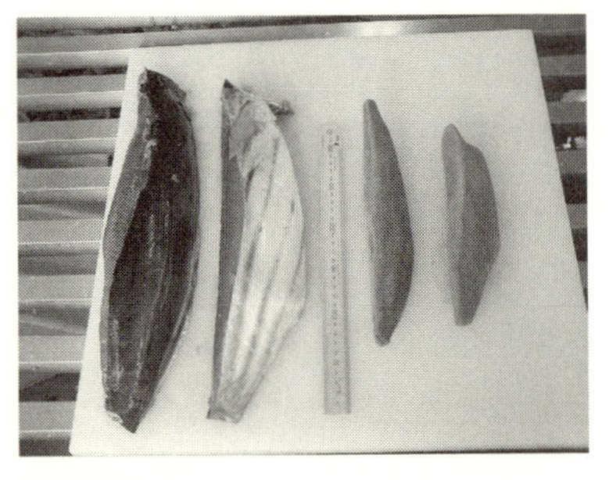

図2.23　生カツオ（左側2本）と本枯節（右側2本）の比較

種類がある．内臓を含んだものを無頭鯖節，無頭宗田節，無頭鯵節，除去したものを丸鯖節，丸宗田節，丸鯵節と言う．煮熟した後に中骨を中心に二つの節に分けたものを割鯖節，割宗田節，割鯵節と称する[6]．

### c. 煮　熟

煮熟の目的は鰹を煮て，死後の筋肉中でのATPの分解反応により蓄積された鰹節のうま味の主体であるイノシン酸（IMP）を固定することと，タンパク質を凝固させることにある．煮熟は重要で，煮過ぎるとうま味の弱い鰹節となる．逆に煮不足は，生臭い鰹節となってしまう．工場ごとに煮熟釜の特性を把握して，鰹の投入数量と投入時の湯温，90℃前後までの昇温のスピード，煮熟時間の調整を行っている．一般的な釜の場合，本節では90℃前後の湯温にて90分間程度の加熱を行う．節の中心達温を80℃以上にすることが重要である．

### d. 骨抜き・皮剥き

煮熟の終わった生利の骨を取る．皮は尾ひれ側の1/3を残し削ぎ落す．焙乾時に精肉部分は水分の減少とともに収縮する．骨が残っていると，収縮し難いため身割れやヒビの原因となる．この骨取りにかかる作業は生利のため身が崩れやすく，慎重に作業を進めるため全作業時間で見ると，当工程の割合は高い．

### e. 焙　乾

魚節類の燻乾を焙乾と言う．骨・皮を取った生利を広葉樹（ナラ，クヌギ，カシ，サクラなど）のよく乾燥させた薪で焙乾を行う．生利を初めて焙乾するのは1番火，2回目の焙乾は2番火，以後順に3番火などと番数は増えていく．鰹本節ではサイズで番数は幾分異なるが，12～15番火程度の焙乾を行う．

鰹節や他魚節類の焙乾はともに1～3番火が重要である．この時の焙乾温度は他の燻製品とは異なり，85℃以上の高温の熱風と煙を必要とし，熱燻と言われる．鰹節の初期の腐敗防止，焙乾の風味の付与と節断面を光沢のある赤褐色に仕上げるには3番火までの煙と温度管理が重要である．

3番火以降の焙乾は，連続的に行わない．表面のみの乾燥（上乾き）を防ぐため，2～6日間焙乾を休めながら焙乾を行う．これを間歇焙乾と言う．焙乾の終了した節を鰹荒節と言う．さらにカビ付けを行う荒節は水分23～25%，荒節で出来上りの節は水分20～22%を目標に焙乾を行う．

鰹節や雑節の焙乾に由来する香りは，各産地で使用する薪の種類により異なる．

さらに，使用する焙乾の装置の違いも焙乾臭の違いに大きく影響する．代表的な焙乾装置としては，手火山式，焼津式乾燥機（図 2.24），急造庫（焼津地区での名称，枕崎地区では少量生産用の急造庫を焚納屋式焙乾庫と言う，図 2.25），雑節用として静浦式乾燥機などが使用されている．

**図 2.24**　焼津式乾燥機

**図 2.25**　急造庫

### f. 表面削り

鰹節以外の雑節類は表面削り加工は行わない．鰹節は表面に着いている煙成分を専用の小刀やグラインダーで削る．これは次のカビ付け工程のカビの生育を良くするためと内部の水分を表面に導きやすくするためである．表面を削った鰹節を裸節と言う．

### g. カビ付け

現在は純粋に分離，培養された鰹節優良カビを裸節に接種する．使用する鰹節優良カビの菌種は，子のう菌類の*Eurotim*属に入る*E.rubrum, E.repens, E. habariorum*の3菌種である．同種の菌であっても分離母体や菌株により生育のスピード，色合い，菌糸の生育形状（綿状かビロード状）さらに芳香臭も異なる．

純粋に大量培養をした菌体より，菌液を作成する．定められた菌数（$10^6 \sim 10^7$個/mL）に調整した菌液を裸節1本あたりに数mL接種する．カビの生育に適した温度，湿度に調整した室に裸節を搬入し，カビを生育させる．初めに生育するカビを1番カビと言う．十分に生育したところで室から取り出し，天日に4～5時間ほど当てる．1番カビの生育した節の表面を手やブラシで軽くなでた後，2番カビ付け用の室に入れる．2番カビは1番カビよりも生育に時間を要する．十分に生育したところで，室から取り出し，天日に当てると2番カビの終了である．2番カビまでカビを付けた節を「削りぶしの日本農林規格」では鰹枯節[7)]と定義している．3番カビ付け以上のカビ付けを行った節は，各社の自主基準で番数は異なるが鰹本枯節（図2.26）と言う．

カビ付け工程の効果としては以下のような点がある．

図2.26　鰹本枯節

①他の不良カビの生育を抑制する.

②カビは生育するとともに節の内部の水分を穏やかに減少させる.

③焙乾による燻し臭におだやかな甘い香り（芳香臭）をつける.

④表面の皮下脂肪を減少させ，だしの透明化に寄与する.

⑤優良カビは生育とともに色は灰緑色から徐々に茶灰緑色に変化し，水分の減少が進むとさらにやや赤茶色を呈する．この変化は節の乾燥度の指標になる.

⑥表面に生育したカビは過度な乾燥を防ぐ.

カビ付け工程には数か月を要し，その間に節の熟成は進みその特有の風味になる．カビ付けの番数により生育するカビが異なるわけではなく，カビの生育と成熟の進み具合で色合いは変化する.

雑節類の鯖節，宗田節，鰺節は脂肪分が多い．これを減少させるためカビ付けを行うことがある．ただし，鰹節のように裸節にせずに，荒節に直接菌液を噴霧してカビ付け作業を行う．カビ付け工程を経た雑節類は枯（割）宗田節，枯（丸）鯖節，枯（丸）鰺節などと称する．鮪節は荒節の段階で削り花やだしの色も淡く，風味も淡泊のため，カビ付け工程を行わない荒節が主流となる. **[荻野目望]**

**文　　献**


1) 日本食糧新聞社（2013）. 食品産業辞典 改訂 9 版，鰹節・削り節，pp.468-475.
2) 吉岡立仁，荻野目望ほか（2005）. かつお節の品質に及ぼす漁獲法の影響. 日本水産学会誌，**71**(1)：68-73.
3) 小泉千秋（1961）. かつお節のシラタに関する研究Ⅲ. 日本水産学会誌. **27**(3)：255-260.
4) 文部科学省 科学技術・学術審議会 資源調査分科会（2015）. 日本食品成分表 2015 年版（七訂）.
5) 渡邊明博編. 月刊削節・煮干情報，全国削節工業協会，全国削節公正取引協議会.
6) 日本鰹節協会（2014）. かつお節とその仲間たち改訂版.
7) 日本農林規格（2015）. 品質表示基準食品編 2 第 7 節 削りぶし，農水告第 1387 号，中央法規.


### 2.3.3 煮干し

煮干しは，食材を水または塩水で煮熟してから乾燥した干物の一種である．鰯の煮干し，飛魚（あご）の煮干し，鰺や鯛の煮干し，煮干し貝柱，干し海老，干しアワビ，干しナマコ，堆翅（フカヒレ），煮ヒジキなどがある.

飛魚の煮干しは出雲地方の代表的なだし素材で，そばつゆなどに利用される．鰺や鯛などの煮干しは，ラーメンスープに最近利用されている．煮干し貝柱や干し海老は，干貝（ガンベイ），蝦米（シャミイ）と呼ばれており，中国料理でも特殊食材として利用されている．会津地方の郷土料理であるこづゆは，煮干し貝柱でだしを取り，豆麩（まめふ），ニンジン，シイタケ，サトイモ，キクラゲ，糸コンニャクなどを加えて作る．こづゆの味には，煮干し貝柱は欠かせない食材である．また，山形のハレの食として欠かせない冷や汁にも煮干し貝柱をだし素材として利用している．鹿児島，熊本，佐賀では，干し海老をだし素材として雑煮や煮物などが作られている．

しかし，煮干しといえば，一般的には鰯の煮干しをさす．日常食のだし素材として，みそ汁，そばやうどんのつゆ，惣菜用に利用されている．鰯の煮干しは，煮じゃこ，だしじゃこ，いりこなど地域により呼び名が異なる．

### a. 煮干しの種類

煮干しは，イワシの種類により分類される（図 2.27）．

#### 1) 片口鰯煮干し

カタクチイワシには，セグロイワシ，ヒシコイワシなどの別名がある．暖水性の魚であり，日本各地の沿岸に広く分布する．上あごが下あごより突出し，口が裂けたように見える外観が特徴である．また，味がよく，煮干しとしても生臭さが弱く香りがよい．脂質含量の少ないものは煮干しに利用される．長崎県，千葉県，広島県などが主な産地である．鰯煮干しの中で生産量が最も多い．片口鰯の煮干しのだしは，味が濃くまろやかで，コクがあるという．

#### 2) 真鰯煮干し

マイワシは日本沿岸に広く分布するが，資源変動が激しい．近年は漁獲量が激減しているので，真鰯煮干しの生産量も減少している．真鰯の脂質含量は多く，季節変動も大きい．煮干しなどの乾製品には脂質含量の少ないものが用いられる．

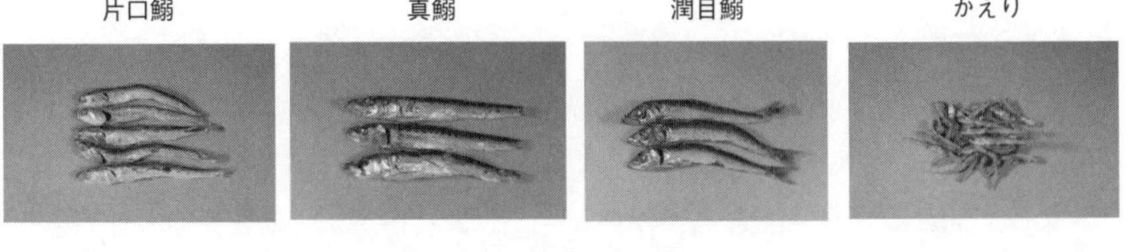


**図 2.27** 鰯煮干しの種類

同じ種類の煮干しでも，魚体の大きさにより小羽（こば），中羽（ちゅうば），大羽（おおば）などに分類される．

日本海沿岸ではマイワシをヒラゴイワシと呼び，その煮干しを平子煮干しとして利用してきた．真鰯煮干しのだしは，片口鰯煮干しのだしに比べるとすっきりしている．

#### 3） 潤目鰯煮干し

ウルメイワシは，目が大きく潤んだように見えることからその名がついた．オオメイワシ，ガンゾウイワシ，ギド，メギラなどの別名がある．長崎県が主産地である．ウルメイワシの脂質量は他のイワシに比べて少ないので，くせのない淡白なだしである．

#### 4） かえり煮干し

カタクチイワシの稚魚を原料とする．稚魚なので，脂質含量が少ないため生臭さも弱く，上品なだしに仕上がる．煮干しの中では価格が高い．代表的な産地は四国の瀬戸内海沿岸である．讃岐うどんのつゆのだしには欠かせない．

### b. 煮干しの製法

#### 1） 概要

煮熟により食品の内因性酵素を失活し，自己消化を抑制する．また，食品に付着している細菌を死滅させるので，乾燥中の変質を防ぐことができる．魚介類の煮干しは，筋肉タンパク質が熱変性して筋肉の保水性が低下するので，その後の乾燥が容易になる．乾燥して水分が低下すると煮干しの保存性も向上する．

新鮮なイワシの筋肉には，イノシン酸が多い．やがて鮮度が低下すると，イノシン酸は，筋肉の内因性酵素によりイノシン，ヒポキサンチンへと分解される．しかし，煮干し製造工程の煮熟により酵素が失活されると，イノシン酸の分解が抑制される．煮干しの主たるうま味成分であるイノシン酸の含量は，素干しより煮干しの方が多い[1]．煮干しがだし素材として用いられる所以はここにある．

#### 2） 製造工程（図 2.28）

原料には，水揚げ後数時間の鮮度のよいイワシを用いる．鮮度が低下したイワシは，煮熟工程で腹割れを起こし，エキス成分量も少なくなる．イワシの脂質含量が多いと，製造過程での脂質酸化が起こりやすく，乾燥しにくい．また，脂質はだしが濁る原因になるので，脂質含量の低いイワシを用いる．煮熟までイワシの鮮度を保持するために，イワシの搬入，洗浄工程では砕氷などによる低温冷却が施される．汚れやうろこなどを取り除き，選別したイワシを簾の上に重ならな

表 2.9 栄養成分（日本食品標準成分表 2015 年版より）

| 食品名 | 可食部 100 g あたり | | | | | | | |
|---|---|---|---|---|---|---|---|---|
| | エネルギー [kcal] | 水分 [g] | タンパク質 [g] | 脂質 [g] | 炭水化物 [g] | 無機質 | | |
| | | | | | | Ca [mg] | P [mg] | Fe [mg] |
| カタクチイワシ生 | 192 | 68.2 | 18.2 | 12.1 | 0.3 | 60 | 240 | 0.9 |
| 片口鰯煮干し | 332 | 15.7 | 64.5 | 6.2 | 0.3 | 2200 | 1500 | 18.0 |
| 煮干しだし | 1 | 99.7 | 0.1 | 0.1 | Tr | 3 | 7 | Tr |

＊1；レチノール活性当量，＊2；$\alpha$-トコフェロール．

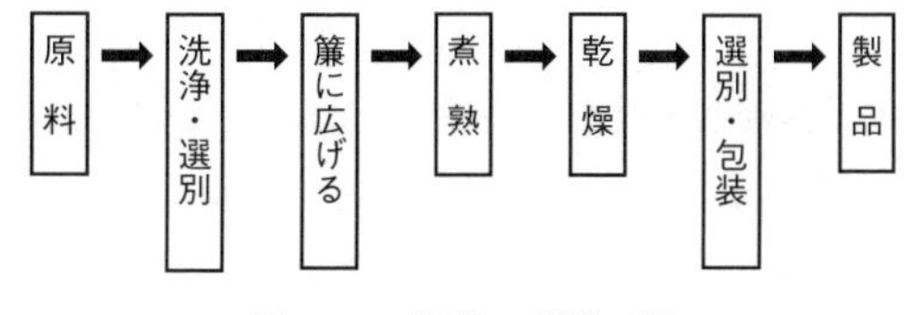


図 2.28 煮干しの製造工程

十数枚積み重ねた簾を海水あるいは食塩濃度 3% 程度の熱水が満たされた釜に入れて煮熟を行う．煮熟中に釜の表面に浮いてきたアクといわれる油やタンパク質の凝固物は，釜口から溢れさせて捨ててしまう．塩水は煮干しにつやを与え，身のしまりをよくする．真水ではつやが出ない．脂質含量が高いイワシの場合は，煮干しの脂質酸化を抑制するためにビタミン E などの酸化防止剤を塩水に添加する．煮熟温度は 90 ～ 95℃ 程度で，加熱時間はイワシの大きさにより 5 ～ 10 分程度である．煮熟時に熱水が沸騰して対流が激しくなると，簾の上でイワシが動き回り，魚体が煮崩れる．過度に煮熟すると，イワシのエキス成分が熱水へ流出し，煮干しの風味が損なわれる．

煮熟後は，簾に載せたまま乾燥する．乾燥は天日で行うことが多かったが，近年は冷風や熱風などの機械乾燥によるものが多くなっている．乾燥時間は，イワシの大きさや脂質含量により異なるが，水分が 15% 前後になるまで乾燥する．乾燥後は，選別・包装して製品に仕上がる．

いように広げる．

### c. 煮干しの成分

カタクチイワシの生，煮干しおよび煮干しだしの栄養成分を表 2.9 に示した．煮干し製造工程で，水分と脂質が大きく減少するので，煮干しのタンパク質含量は 64.5 g/100 g と高くなる．無機質の含量も多く，特にカルシウムが 2200 mg/100 g と豊富に含まれる．カルシウムの吸収を高め，カルシウムの骨への沈着を促進するビタミン D 含量も多い．煮干しのカルシウムは，煮干しだしにはほと

| 可食部100 g あたり | | | | | | | | | | |
|---|---|---|---|---|---|---|---|---|---|---|
| 無機質 | | | | ビタミン | | | | | | 食塩相当量 [g] |
| Na [mg] | K [mg] | Mg [mg] | Zn [mg] | A*1 [μg] | $B_1$ [mg] | $B_2$ [mg] | D [μg] | E*2 [mg] | ナイアシン [mg] | |
| 85 | 300 | 32 | 1.0 | 11 | 0.03 | 0.16 | 4.0 | 0.4 | 9.7 | 0.2 |
| 1700 | 1200 | 230 | 7.2 | (Tr) | 0.10 | 0.10 | 18.0 | 0.9 | 16.5 | 4.3 |
| 38 | 25 | 2 | Tr | − | 0.01 | Tr | − | 0 | 0.3 | 0.1 |

んど溶出しない．煮干しは，魚体を丸ごと食べれば，カルシウムおよび良質なタンパク質の重要な給源となる．

### d. 煮干しの品質

煮干しは，表皮は銀色で光沢があり，腹割れがなく，形が整っているものがよい．煮干しを室温で長期保存すると，表皮が赤褐色に変色することがある．この現象は油焼けと言われ，脂質酸化とメイラード反応が関わっていると考えられている．煮干しを25℃，5℃，−25℃で貯蔵した時，貯蔵温度が高いほど，煮干しの赤褐色が増した[1)]．また，煮干しの貯蔵日数が30日以上になると，貯蔵温度が高いほど，だしの香りが悪く，苦味や生臭さが増し，嗜好性が低下した[2)]．したがって，購入後は速やかに使い切るか，貯蔵期間が長くなる場合は，内臓を取り除き，密封して冷凍庫に保存する．　**[松本美鈴]**

### 文　献

1) 安達町子，野崎征宣（2001）．煮干しイワシの品質保持に及ぼす貯蔵温度と大きさの影響．日本食工学会誌，**48**：214-217.
2) 安達町子，野崎征宣（2001）．煮干しの保存温度がだし汁の風味や溶出成分に及ぼす影響，日本調理科学会誌，**34**：45-52.

## 2.3.4 干し椎茸

椎茸 *Lentinula edodes* (Berk.) Pegler は，日本，中国，韓国，東南アジア，パプアニューギニア，ニュージーランドなどに野生種が見出されている，キシメジ科シイタケ属の担子菌である．おそらく有史以前から食用にされていたが，文献に見出されるのは鎌倉時代，道元禅師が嘉禎3年（1237年）に書いた『典座教訓』が最初とされている．椎茸の最古の栽培記録として，寛文4年（1664年）に，豊後岡藩（大分県竹田市）で伊豆から名人を招いて栽培したとの記録があり，この少し前頃より伊豆辺りで，鉈目式と呼ばれる原始的な栽培法が始められたと考えられている．栽培により干し椎茸の流通量は増え，江戸時代末期には重要な乾物商品の一つに数えられるようになった．しかしながら，1943年，森喜作の種ゴマの発明によって純粋種菌による栽培法が確立されるまで，非常に高級な食材であった．

### a. 干し椎茸の種類と産地

#### 1) 干し椎茸の規格

内閣府令第十号の食品表示基準によると干し椎茸は「椎茸菌の子実体を乾燥したもので全形のもの，柄を除去したもの又は柄を除去し，若しくは除去しないでかさを薄切りしたものをいう」となっており，種類としては“どんこ”と“こうしん”に分類されている．傘が開いておらず肉厚なのがどんこ（傘が七分開きにならないうちに採取した子実体を使用したもの），傘が開き肉が薄いのがこうしん（七分開きになってから採取した子実体を使用したもの）である．また，原材料名には「しいたけ」と表示し，原木栽培または菌床栽培であることを表示する．流通上はさらに，品質によって上どんこ，並どんこ，上こうしん，並こうしんなど，傘表面の亀裂文様によって花どんこ，天白どんこ，茶花どんこ，こうこ（香菇，どんことこうしんの中間にあたる）などの規格呼称がある．

#### 2) 干し椎茸の産地

わが国における干し椎茸の最大生産県は大分県で，国産干し椎茸の1/3以上を占めている．宮崎県がそれに次いでおり，九州だけで全生産量の7割以上になる．しかし，国内生産量の2倍以上の量が主に中国から輸入されている．中国産のこのような隆盛は，大きな価格差とともに規格のそろった干し椎茸商品を滞りなく供給できる生産力で，弁当や惣菜用などの業務向け需要を席巻したからである．国産の干し椎茸は大部分が原木栽培ものであるが，中国産は大部分が菌床栽培である．

### b. 干し椎茸だし

#### 1) 干し椎茸の香り成分

生椎茸の香りは，きのこ類一般に共通した1-オクテン-3-オールを主要成分とする炭素数8個のアルコールやアルデヒド類により構成されている．しかし乾燥過程でこれらは失われ，干し椎茸の香りにはあまり寄与していない．

椎茸にはレンチニン酸と呼ばれる含硫ペプチドが比較的大量に存在している．品種や栽培法などにより大きく異なるが，乾物100 gあたり500～2000 mgという分析結果があり，干し椎茸に含まれるどの遊離アミノ酸よりも多い．干し椎茸を水戻しすると，乾燥しても完全には失活しない酵素である$\gamma$-グルタミルトランスフェラーゼ，システインスルホキシドリアーゼ（C-Sリアーゼ）がレンチニン酸を順次分解し，レンチオニンをはじめとするイオウを含んだ種々の揮発性成分が発生する．これらが，水戻し中や加熱調理の初期に生成する，干し椎茸特有の香りの成分であると考えられている[1)]．

### 2)　干し椎茸の呈味成分

椎茸の呈味成分については糖および糖アルコール，有機酸，遊離アミノ酸，5'-グアニル酸（5'-GMP）などがある．干し椎茸の遊離糖類はトレハロース，マンニトール，アラビトールがほぼ当量ずつ含まれており，総含量は乾物100 gあたり約15 gである．これらの糖や糖アルコールの甘味度はショ糖の約半分ぐらいと見積もられるので，約8%のショ糖含量に匹敵すると考えられる．しかし，水戻し後食される干し椎茸では，調理後の濃度はこの約1/10であり，閾値に近い濃度である．

有機酸はリンゴ酸，ピログルタミン酸などで，乾物100 gあたり1.2 g程度含まれているが，生椎茸のpHは6.26であり，酸味はほとんどないものと考えられる[1)]．

干し椎茸だしの主要な呈味成分と考えられる遊離アミノ酸については多くの分析結果があるが，国産干し椎茸5品種と中国産干し椎茸を3年間にわたり比較した例によると，品種，産年度により大きく異なるものの，総量で乾物100 gあたり1000～3000 mg前後に分布している．グルタミンあるいはグルタミン酸が最も多く，それぞれ140～1160 mg，200～630 mgであった．その他にはアラニン，オルニチン，グリシン，バリン，フェニルアラニンなどが多く存在している．グルタミン酸はうま味，アラニンやグリシンは甘味，バリンやフェニルアラニンは苦味を有しており，干し椎茸だしの味の重要な構成要素である．

干し椎茸だしのうま味成分のもう一方の主役と考えられる5'-グアニル酸（5'-

GMP）は生椎茸や干し椎茸そのものにはあまり含有されておらず，乾物 100 g あたり 10 mg 前後である[2]．

### 3)　干し椎茸の水戻しおよび加熱調理による風味成分の変化

レンチオニンをはじめとする環状含硫揮発成分の生成は酵素反応であるため，40℃以下ならば温度が高いほど活性が高くなる．水戻ししてから加熱すると，沸騰開始時には最も多くレンチオニンが発生するが，その後も茹で続けると，10 分後には発生が見られなくなる（低温で水戻しをしたものにはわずかに発生が見られる）．沸騰で揮発成分が揮散し酵素が失活したためで，調理した干し椎茸にほとんど硫黄臭を感じないのはこのためである[1]．

糖ならびに糖アルコール類については，水戻し後トレハロースが減少し，D-グルコースが増加する．水戻し中のトレハラーゼの作用が推測されるが，総量には変化がないことから，甘味度はほとんど変化しない．

遊離アミノ酸は水戻しにより増加し，水温 40℃以下ならば水温が高いほど，時間が長くなるほど増加は大きい．このことは，水戻し中にタンパク質分解酵素が作用していることを示している．水戻し前の遊離アミノ酸量は，全アミノ酸量の 10 ～ 20％程度であるが，40℃で 25 時間戻した場合 50％以上に増加する．特に苦味を有する疎水性アミノ酸の増加が大きく，30℃で 15 時間戻した場合では総遊離アミノ酸の 50％以上を占めるとされており，干し椎茸を戻しすぎると苦味を示す原因と考えられている[3-6]．

5'-グアニル酸は，干し椎茸そのものや生椎茸には少量しか存在しないが，それらを煮だした煮汁では大幅に増加している．このメカニズムについては以下のように説明されている．

椎茸をはじめきのこ類には比較的多量のリボ核酸（RNA）が存在する[7]．5'-グアニル酸は RNA に加水分解酵素（リボヌクレアーゼ）が働くことにより，その他のヌクレオチド類とともに生成する（図 2.29）．生椎茸では加熱をしなければこの反応は起きないが，細胞膜が損傷し細胞が死んだ状態の干し椎茸では，水戻しにより水が浸透するとこの反応が始まる（図 2.30）．しかしながら，水戻しだけでは 5'-グアニル酸の増加は見られない．5'-グアニル酸を分解するホスファターゼ（PMase）も同時に存在するからである．つまり，水戻し中にリボヌクレアーゼにより生成した 5'-グアニル酸は，すぐに味のないグアノシンへと加水分解さ

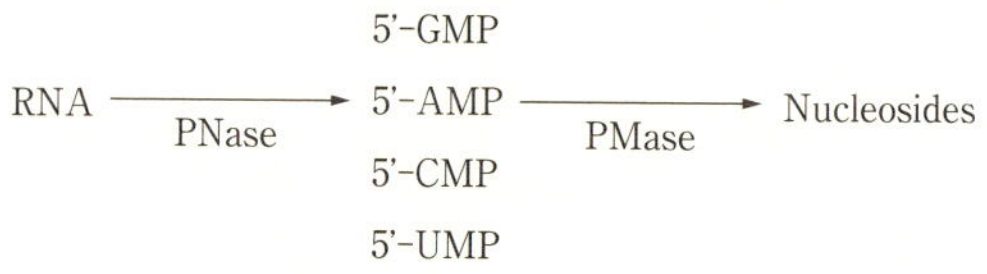

5'-GMP

RNA ——PNase——→ 5'-AMP ——PMase——→ Nucleosides

5'-CMP

5'-UMP

**図 2.29** RNA 分解系

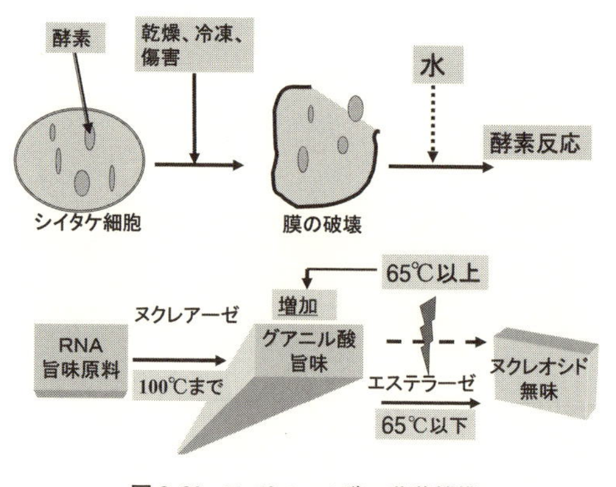


**図 2.30** 5'-グアニル酸の蓄積機構

れてしまう．

しかし，ホスファターゼは一般の酵素類と同じように，60℃前後になると変性失活するが，リボヌクレアーゼは高温に強く，沸騰近くまでその活性を維持する．つまり，干し椎茸を水戻し後に加熱すると，60℃を過ぎる頃より 5'-グアニル酸が蓄積しはじめる．この加熱後の 5'-グアニル酸の蓄積量は，低水温で戻し，RNA が多く残存しているものほど著しくなる．多いものでは乾物 100 g あたり 200 mg 以上にもなる[8, 9]．

### 4) 干し椎茸の最適な水戻し条件

上述のとおり，レンチオニンなどの椎茸に特徴的な臭い成分は，水戻し後，加熱沸騰する時点で最も多くなり，沸騰させ続けると減少する．この香りについては人により好みが分かれ，ない方がよいという意見もある．低温で水戻しを行い，レンチニン酸が多く残存している状態で煮熟した場合の方が香りが残るといえるが，この視点からの最適水戻し条件の設定は困難である．

だしの構成成分として重要な遊離アミノ酸類は，水戻しの水温が高いほど，時

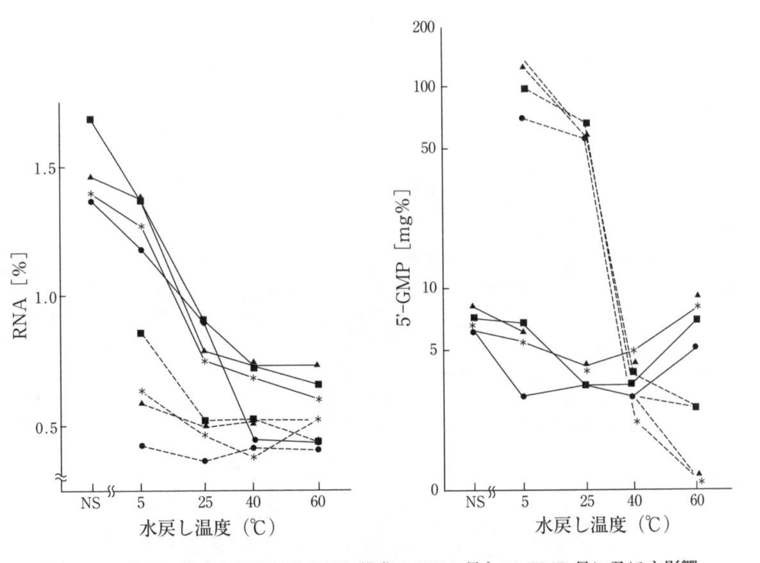


**図 2.31**　水戻し温度と調理加熱が干し椎茸の RNA 量と 5'-GMP 量に及ぼす影響
NS：水戻し前，―：5 時間水戻し，----：5 時間水戻し後加勢調理.
干し椎茸試料　＊：並香信，▲：上香信，■：並冬菇，●：花冬菇.

間が長いほど増加する．ところが，もう一方の重要なうま味成分である 5'-グアニル酸は，低温，短時間の水戻しで最大の蓄積量を示す．水戻しにおいて，遊離アミノ酸を増加させることと 5'-グアニル酸を増加させることは相反するのである（図 2.31）.

アミノ酸系うま味成分のグルタミン酸と核酸系旨味成分の 5'-グアニル酸には相乗効果が存在することは，よく知られた事実である．干し椎茸におけるこれら 2 成分の混合物のうま味の強さについて検討したところ，5'-グアニル酸を多く増加させる条件のものが，より強いうま味を示すことがわかった．すなわち，できるだけ低温で復水が十分となる最低限の時間で戻すのである．ただ低温での水戻しの欠点は時間がかかることで，冷蔵庫内で，肉の薄い干し椎茸では 5 時間程度，大型で肉の厚い冬菇では一昼夜程度必要なものもある．　　**[青柳康夫]**

## 文　　献

1)　佐々木弘子，酒井登美子ほか（1993）．干し椎茸の水戻し加熱加工における香気成分ならびに香気生

成関連物質の変化．日本食品工業学会誌，**40**：107.
2)　春日敦子，藤原しのぶほか（1996）．生シイタケに異なる熱付加，組織損傷を与えた際の5'-ヌクレオチドの挙動．日本調理科学会誌，**29**：201.
3)　佐々木弘子，中村尚子ほか（1988）．干し椎茸の水もどしと加熱調理における遊離アミノ酸の挙動について．日本食品工業学会誌，**35**：90.
4)　佐々木弘子，中村尚子ほか（1989）．干し椎茸の水戻し条件について．日本食品工業学会誌，**36**：293.
5)　春日敦子，藤原しのぶほか（1999）．干し椎茸成分の品種間差異．日本食品科学工学会誌，**46**：692.
6)　春日敦子，藤原しのぶほか（2000）．干し椎茸の品種間差による水戻しに対する挙動．日本食品科学工学会誌，**47**：347-354.
7)　高田宮子，佐々木弘子ほか（1980）．干し椎茸の春子秋子のRNA含量について．日本食品工業学会誌，**27**：288.
8)　青柳康夫，菅原龍幸（1986）．干し椎茸の水もどしに関する一考察．日本食品工業学会誌，**33**：244.
9)　春日敦子，前田浩子ほか（2000）．品種の異なる干し椎茸の官能検査と成分組成．日本食品科学工学会誌，**47**：529-537.
10)　A. Kasuga, S. Fujihara et al. (2001). The Objective Measuring Method of Firmness of Shiitake Mushroom considering the Histological Structure. *J Cookery Sci Jpn*, **34**：348-355.
11)　青柳康夫，春日敦子ほか（1993）．原木栽培と菌床栽培シイタケの一般成分と無機質含量の比較ならびに培地成分との関係．日本食品工業学会誌，**40**：771.

## 2.4　だしの簡易測定法

他節でも解説されているように，だしを構成する要素には素材によるものや仕上がりに関与するものが様々に絡むが，共通要素を考えれば，海藻，魚貝，肉類，野菜類の素材（表2.10）に含まれるアミノ酸，核酸などのうま味物質やそれぞれの風味を汁部分に移行させる操作の結果であるといえる．素材の特性を生かし，

**表2.10**　素材に含まれるグルタミン酸量の例[1)]

| 食　材 | グルタミン酸（mg/100 g） |
|---|---|
| 利尻昆布 | 2,240 |
| チーズ | 1,200 |
| 一番茶 | 668 |
| イワシ | 280 |
| ブロッコリー | 171 |
| トマト | 140 |
| ジャガイモ | 102 |
| ハクサイ | 100 |

**表 2.11**　だしに含まれるグルタミン酸量（昆布だしの成分分析例）[2)]

| 成　分 | 京都料亭 | 東京料亭 |
|---|---|---|
| 昆布の種類 | 利尻昆布 | 羅臼昆布 |
| 昆布の使用量（w/v, %） | 1.7 | 0.5 |
| グルタミン酸（mg/100 mL） | 22.64 | 10.16 |
| アスパラギン酸（mg/100 mL） | 16.03 | 7.5 |

うま味を水層に移行させることは世界の様々な調理の現場で行われている．

和風だしの場合は昆布，鰹節を中心とする素材と水（お湯）を合わせることにより味，風味成分の抽出が行われる（表 2.11）．最高級の昆布を使う際にはその品質は安定していると考えられるが，グレードの落ちるものや条件が悪い養殖しか入手できない場合，またコストの制約が合って高級品が使えない場合には，想定した味が出せない可能性がある．その際には適当な調味料で補うことが必要となってくる．洋食のだしの場合でも，素材の熟成度合いや季節変動などで抽出しうる成分含量が異なり，同じレシピでブイヨンを引いても味が異なることが想定される[3)]．

工業的あるいは料亭・レストランでお客様に出さなければならない場合は，その再現性が求められる．素材および最終製品の基本五味が簡便に確認できれば，狙った味が再現しやすいものと考えられる．糖質，塩分，酸っぱさについては，おおまかな傾向を BRIX 計，塩分濃度計，pH メーターなどで簡便に測定できるが，うま味については簡便と言える技術は存在しない．本節では，現在開発の最終段階となっているうま味成分の指標となるグルタミン酸の測定について紹介する[4)]．

だしの特徴を評価する際には，料亭などの調理現場ではプロの舌による味決めが経験により行われ，食品会社などでは数名～数十名を集めて行う官能評価が一般的に行われる[5)]．研究現場では基本五味を模した味覚センサー，液体クロマトグラフィーやガスクロマトグラフィーにより溶存成分が解析される．食品産業での開発現場では官能評価と機器分析の組み合せで行われるのが一般的であるが，機器も高価で簡便とは言い難い．研究開発目的では様々なデータを集める必要があるために上記の方法を組み合わせることが意味を持ってくる．

以下に示す簡易かつポータブルなグルタミン酸測定器（以下簡易グルタミン酸測定器）は(株)タニタと味の素(株)の共同開発により開発が進められている．

簡易グルタミン酸測定器の基本原理は，酵素（グルタミン酸オキシダーゼ，GLOX）反応によってグルタミン酸，酸素分子，水分子から $H_2O_2$ を生成させ，$H_2O_2$ の電極反応で発生する電流を測定してグルタミン酸濃度に換算する方式である．酵素電極法と呼ばれるが，詳細には酵素反応①と電極反応②を組み合わせてグルタミン酸に依存した化学反応を電流出力に変換するバイオセンサーである[6]．

グルタミン酸の酵素反応により $H_2O_2$ が生成され（①），作用極の電極反応で $H_2O_2$ から発生する $2e^-$（②），すなわち2個の電子が流入することによって起こる電流を測定することにより，グルタミン酸の濃度に換算できる．測定した電流をグルタミン酸濃度に換算するためには，あらかじめ基準となる濃度のグルタミン酸溶液を測定し，基準となる電流値を得る校正の操作が行われている．

測定器の折りたたんだ状態と測定可能状態（保存液のキャップを外した状態）を示す（図2.32）．スタンバイ時のセンサー部は，pH 7の緩衝液が主成分である保存液に浸っている状態にセンサーを待機させるため，センサー出力が安定しており，測定器本体を取り出し後は5秒で測定が可能になる．測定器は，センサーとサーミスターを保持したセンサーカートリッジと，電源，制御，表示機能を有する電子回路を内蔵した本体から構成され，全長約200 mmと片手での操作が可能である．酵素反応を利用する酵素センサーは，温度による出力変化が大きいため，サーミスターにより，測定時の試料温度からセンサー出力を補正する機能を備えている．測定方法は本体を開くことでスイッチが入り，センサーの異常有無などのチェックのため5秒程度待った後，センサー部に試料（適正濃度範囲，pH

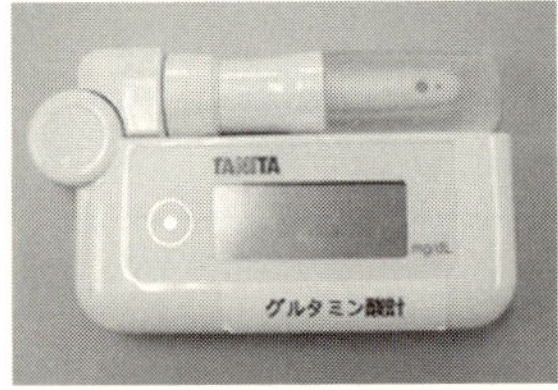

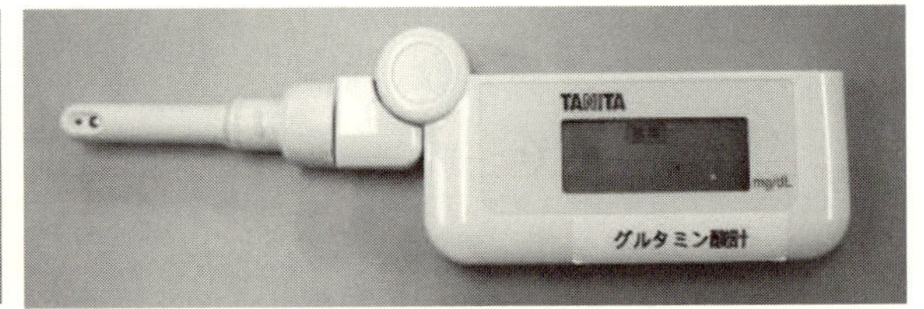


**図2.32**　簡易グルタミン酸測定器（筆者撮影）
折りたたまれた状態（左）と使用可能な状態（右）．

を中性近くにするなどの調整が必要）を直接ピペットなどでかけると，試料を検知して約6秒後に測定値が表示される．その後，水道水でセンサーを洗浄し，保存液に戻すことで簡便な測定が可能である．

センサーはガラス基板上に作用極，対極，参照極からなる3電極方式となっている．センサーは，食品中の共存物質の影響を最小限にするために，制限透過層，酵素層，接着層の主要3種類の薄膜機能層から構成されている．この組み合せで食品中の共存物質の影響を効率的に排除するとともに，グルタミン酸を迅速かつ正確に定量測定する性能を実現している．使用後は毎回水道水で洗浄することを行い，グルタミン酸センサーの使用寿命を評価した結果，60日以内に200回以上の測定が可能である．

グルタミン酸測定機を用いた測定例として，味噌汁，スープの素を用いたスープ，おでんスープ，醤油，アジア魚醤，オイスターソース，トマト類などの検討結果を示す．スープ類は前処理せずに，醤油，魚醤，オイスターソースは500～1000倍に保存液（100 mM TES緩衝液pH7.0，0.9% 塩化ナトリウム）で希釈後，測定を行った．生鮮トマトは市販の不織布製お茶フィルターの中で潰した濾し汁を，トマトジュースとトマト缶詰の缶汁はお茶フィルターで濾した試料をそのまま測定した．測定は室温で行った．各食材の簡易グルタミン酸測定機による測定値，アミノ酸アナライザーによる測定値を図2.33に示した．食材中のグルタミン酸濃度がグルタミン酸測定器により定量性よく測定されている．

以上の通り簡便に使える測定器であるが，昆布だしなどヨウ素濃度が高い場合

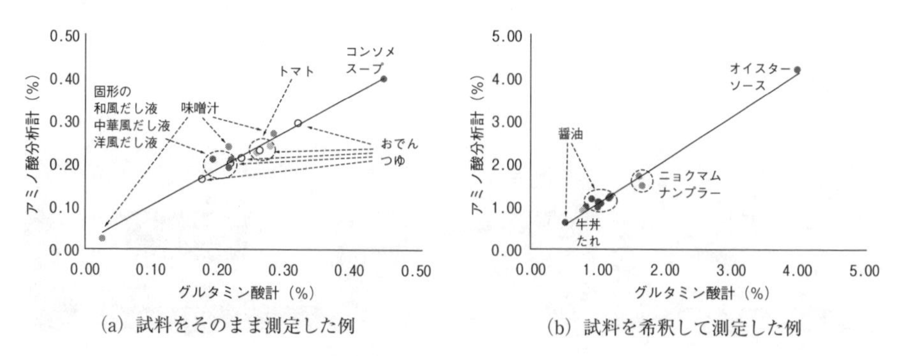


(a) 試料をそのまま測定した例　　(b) 試料を希釈して測定した例

**図2.33**　食品サンプルの分析

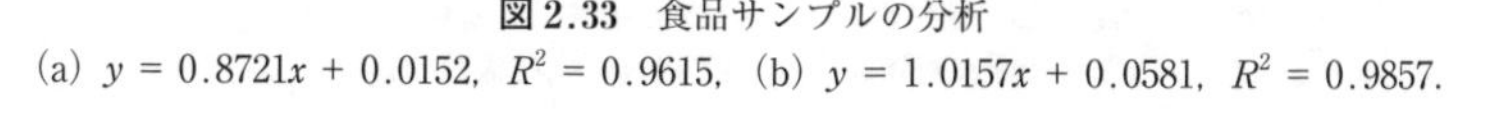
(a) $y = 0.8721x + 0.0152$, $R^2 = 0.9615$, (b) $y = 1.0157x + 0.0581$, $R^2 = 0.9857$.

には，硝酸銀溶液で前処理を行い，ヨウ素を除くことがセンサー電極の保護のためにも有効である．

だしを含め食品の味を数値化することは勘や経験，官能評価で行われていた見えない作業を見えるものに変えることになる．企業であっても個人経営の料亭でも数値に裏づけされた管理ができれば，経験の少ない若者やうま味に対するなじみが少ない外国人でも，味のバランスを整えることが容易となる．当機が一般化されて食品産業への貢献ができれば幸いである．　**[藤島義之]**

## 文　献

1)　熊倉功夫，伏木　亨監修（2012）．だしとは何か，p.25，アイ・ケイコーポレーション．
2)　栗原堅三，小野武年ほか（2000）．グルタミン酸の科学—うま味から神経伝達まで，p.16，講談社サイエンティフィク．
3)　西村敏英（2008）．月刊フードケミカル，**8**（1）：49-53.
4)　藤島義之，小出　哲ほか（2012）．簡易味覚測定器の開発．ジャパンフードサイエンス，**51**：50-55.
5)　古川秀子編，上田玲子ほか（2012）．続おいしさを測る，幸書房．
6)　小出　哲，木下裕梨ほか（2011）．グルタミン酸センサの開発，Chemical Sensors，27 Supplement A，pp.55-57.

# 3 だしの調理学

日本料理で使われるだしには，各地方で材料や取り方の違いがあるものの，調理するうえで，食材に味をつけるという工程で，最も大切である．味をつける意義は，だしのうま味によって食材の個性を引き出し，食材の味を引き立たせることにある．

だし作りに大切なものは，水とうま味物質を多く含む乾物類である．うま味を取り出す乾物には，昆布，鰹節，煮干し，干し椎茸，大豆や干瓢などがあげられる．水に乾物類が持っているうま味を抽出することで，だしを作り上げるのである．水の違い（硬度），乾物類の質とその抽出の仕方によってだし汁の味には大きな違いが生じる．

## 3.1 だしの種類

一般的に使われるだしには次のようなものがある．

(1) 昆布と鰹の合せだし（図3.1）

(2) 煮干しのだし（図3.2）

**図3.1** 昆布と鰹の合せだし

**図3.2** 煮干しのだし

図 3.3 昆布だし

図 3.4 精進だし（昆布，干し椎茸，大豆）

図 3.5 昆布と貝類のだし

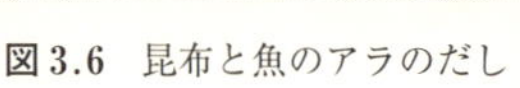

図 3.6 昆布と魚のアラのだし

(3) 精進だし

①昆布だし（図 3.3）

②昆布と干し椎茸，大豆のだし（図 3.4）

(4) 潮（うしお）だし

①昆布と貝類のだし（図 3.5）

②昆布と魚のアラのだし（図 3.6）

このほか，地方によっては，飛魚（あご）の干した物や川魚を焼いて干した物なども使われている．

## 《 3.2 だしの取り方 》

### 3.2.1 昆布と鰹の合せだし汁

#### a. 一番だしの取り方（京都風）

一番だしとは，まだ一度もだしを取っていない，いわば新品の材料を用いてとっただしのことである．料理屋などでも一般的に使用され，すべての料理に使うことができる．出来上り 1.8～1.9 L 程度となるだし汁の取り方を以下に示す．

図 3.7　一番だしの取り方①

図 3.8　一番だしの取り方②

図 3.9　一番だしの取り方③

図 3.10　一番だしの取り方④

・材　料

水：軟質，硬度 45～60 程度　2.2 L

利尻昆布：ヒネ（1 年以上寝かした物）　35 g

削り鰹：本枯れ節，薄削り　35 g

※水の量が出来上りのだしの量より多いのは，だしを取る際に蒸発したり，昆布や鰹が水分を吸ってしまう分を見込むためである．

・作り方

①昆布は固く絞った布巾で，表面の汚れを拭きとる．

②鍋に分量の水を入れ，①の昆布を入れて，柔らかく戻るまでしばらくおいておく（図 3.7）．

③②の鍋に火を強火でつけて，60℃程度になれば火を弱くして，温度を 1 時間程度保つ（蓋はしない）（図 3.8）．

④③の鍋を再び強火にして，沸騰前に昆布を静かに取り出し，アクを丁寧にすくい取る．

⑤④の鍋に鰹を一度に入れて，沸騰しないように火を弱めて，鰹全体が熱湯につかれば，火を止

める（図 3.9，3.10）．

⑥ザルにネルの布かペーパータオルを敷いて，⑤を静かに漉して最後は絞らないで仕上げる（図 3.11）．

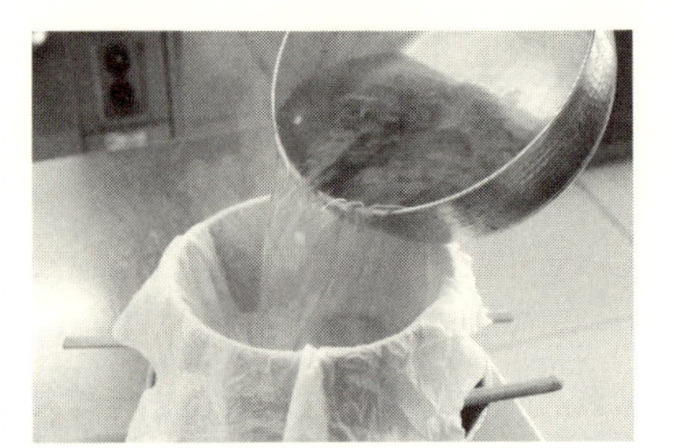

図 3.11 一番だしの取り方⑤

### b. 二番だしの取り方

二番だしとは，一度だしを取った材料を再度使ってとるだしのことである．濃い味付けの煮物や，野菜などの下味付けに利用する．出来上り 1.2 L 程度の例を以下に示す．

・材　料

| | |
|---|---|
| 水：軟質，硬度 45 ～ 60 程度 | 1.5 L |
| 一番で取った昆布と鰹 | 全部 |
| 利尻昆布：ヒネ（1 年以上寝かした物） | 5 g |
| 削り鰹：本枯れ節，薄削り | 5 g |

※新たに加える鰹節に荒節を使うケースもある．

・作り方

①鍋に水と一番で使用した，昆布と鰹を入れて，新しい昆布は固く絞った布巾で拭いて入れ，中火の火にかける．

②沸騰後 7 分～ 10 分程度火にかけ，最後に削り鰹を入れる．

③ザルにネルの布かペーパータオルを敷いて，②を静かに漉して仕上げる．

**【レシピ例】** ここでは一番だしを使った吸い物を紹介する

**若竹汁**

・材　料（4 人分）

| | |
|---|---|
| 筍：生で 200 g ～ 300 g 程度の物 | 1 個 |
| 塩ワカメ | 40 g |
| 木の芽 | 8 枚 |

・調味料

一番だし　600 mL

塩　3 mL

うすくち醤油　10 ~ 15 mL

・下準備　筍を茹でる

①筍は表面を洗って穂先を斜めに切り，縦に穂先から斜めに包丁で切込みを入れておく．

②鍋に①の筍を入れて，米糠一掴み鷹の爪1本程度を入れてたっぷりの水を入れて，火にかけ沸騰して40分程度経てば，箸を刺して火の通り具合を確認し，火が通っていれば火を止める．

③②が完全に冷めれば，皮を剥いてもう一度水から茹でで，清茹でをして，糠の臭みを取る．

図3.12　若竹汁

・作り方

①茹でた筍を半分に切って2 mm程度にスライスして，鍋に入れて分量のだし汁を入れて火にかける．

②塩ワカメは，ボールに入れ水を入れて塩気を抜き，筋を切り取り，食べやすい大きさに切っておく．

③①の汁が温まってくれば，塩とうすくち醤油で味を調え，②のワカメを入れて若竹汁を仕上げる．

④器に筍，ワカメを入れて，汁を張って木の芽を入れて仕上げる（図3.12）．

### 3.2.2　煮干しのだし

煮干しは鰯などの雑魚を煮沸して乾燥させたものである．煮干しのだし汁は味噌汁や煮物に利用される．

・材　料（出来上り　1.7 L程度）

水　2 L

煮干し　50 g

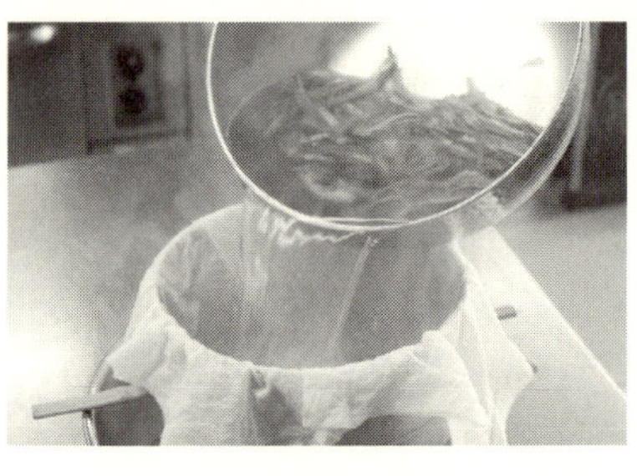

図 3.13　煮干しのだし

・作り方

①煮干しは，頭と内臓を取り出してきれいにする．

②鍋に分量の水を入れ①の煮干しを入れて中火の火にかける．

③沸騰すれば火を弱めて，さらに10分から15分程度火にかけ，煮干しのうま味を抽出する．

④ザルにネルの布かペーパータオルを敷いて，③を静かに漉して仕上げる（図 3.13）．

**【レシピ例】** 煮干しのだし汁を使った味噌汁

**豆腐とワカメと薄揚げの味噌汁**

・材　料（4人分）

木綿豆腐　1/3 丁

薄揚げ　1/3 枚

塩ワカメ　20 g

青ネギ　1/2 本

調味料

田舎味噌　80 g ～ 100 g

煮干しのだし汁　550 mL

図 3.14　豆腐とワカメと薄揚げの味噌汁

・作り方

①木綿豆腐は 1 cm 程度のサイコロ切りにし，薄揚げは短冊に切っておく．

②塩ワカメは，ボールに入れ水を入れて塩気を抜き，筋を切り取り，食べやすい大きさに切っておく．

③青ネギは小口切りにして，水で

サッと洗っておく.

④鍋に煮干しのだし汁を入れて火にかけ，田舎味噌を溶かし込み，薄揚げを入れて沸騰直前に味を確認して，豆腐の切ったもの，ワカメを入れて沸騰させる.

⑤器に豆腐，ワカメを入れて汁を張り，仕上げにネギを入れて仕上げる(図 3.14).

### 3.2.3　精進だし

昆布・干し椎茸・大豆など，植物性の材料のみでとるだしを精進だしという.精進料理に使われる.

・材　料

水：軟質，硬度 45 ～ 60 程度　2.2 L

利尻昆布：ヒネ（1 年以上寝かした物）　25 g

干し椎茸　5 g

大豆：乾燥　80 g

図 3.15　精進だし

・作り方

①大豆はフライパンに入れて弱火でよく煎っておく.

②昆布は固く絞った布巾で，表面の汚れを拭きとる.

③鍋に分量の水を入れて，材料の昆布，干し椎茸，大豆を入れて，昆布が柔らかく戻るまでしばらくおいておく（図 3.15).

④③を火にかけて，中火でゆっくり温度を上げ，沸騰直前に昆布を取り出し，沸騰と同時にアクを引いて弱火にする.

⑤④を弱火で 15 分程度火にかけて，うま味を抽出する.

⑥ザルにネルの布かペーパータオルを敷いて，⑤を静かに漉して仕上げる.

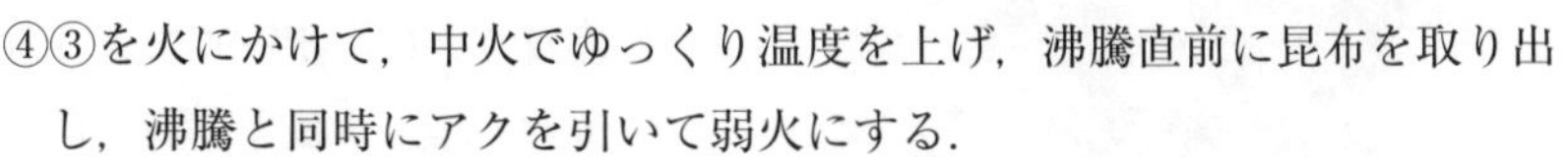

**【レシピ例】** 精進だしを使った料理

**精進の煮物**

・材　料（4人分）

| | |
|---|---|
| 飛龍頭 | 4個 |
| 高野豆腐 | 2枚 |
| 干し椎茸 | 4枚 |
| 日高昆布 | 5 g |
| 三度豆 | 8本 |

・調味料

| | |
|---|---|
| 精進だし | 500 mL |
| 酒 | 50 mL |
| 本みりん | 30 mL |
| 砂糖 | 40 mL |
| うすくち醤油 | 30 mL |
| こいくち醤油 | 20 mL |
| 塩 | 少量 |

図 3.16　精進の煮物

・作り方

①高野豆腐は事前に熱湯で戻し，水でよくさらし水気をしっかり手で挟んで絞っておく．

②干し椎茸は半日程度前より水に入れて戻して，石突きを取っておく．

③昆布は，調味料のだしに入れて柔らかくして，4等分に切って結んでおく．

④飛龍頭は熱湯に通しておく．三度豆は掃除をして熱湯で茹でておく．

⑤鍋に調味料を合わせて火にかけ，三度豆以外の材料を入れて炊き上げ，途中で味を確認して，仕上げに茹でた三度豆を入れて仕上げる．

⑥器に彩りよく盛り付ける（図3.16）．

### 3.2.4　潮だし

潮だし（潮汁）とは生の魚介類から取っただし汁で，昆布とともに水から火にかけ，魚介のうま味と昆布のうま味の相乗効果を利用する．濃厚なうま味を持つため，少量の清酒と塩のみで味をつけ，吸い物などに利用される．

**鯛の潮汁**

・材　料（4人分）

| | |
|---|---|
| 鯛のアラ | 200 g |
| 水：軟質，硬度45～60程度 | 1 L |
| 利尻昆布：ヒネ（1年以上寝かした物） | 10 g |
| ダイコン | 80 g |
| ニンジン | 40 g |
| 木の芽あるいは柚子 | 8枚あるいは1/6個 |

・作り方

①鯛のアラには，1時間前より塩をしておく．

②鯛に塩が回ったのち，熱湯に5秒程度通して，冷水できれいに洗っておく．

③鍋に分量の水と，固く絞った布巾で表面の汚れを拭いた昆布，②の鯛のアラを入れて中火にかける（図3.17）．

④③の水が沸騰する前に昆布を取り出し，静かに沸騰させる．出てきたアクをきれいに取って10分～15分程度鯛からうま味を抽出し，ザルにネルの布かペーパータオルを敷いて，静かに漉して，鯛の潮だしを取る．

図3.17　鯛の潮汁①

図3.18　鯛の潮汁②

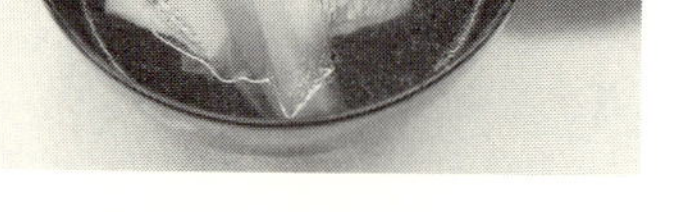

図 3.19　鯛の潮汁③

⑤ダイコン，ニンジンは皮を剥いて短冊に切り茹でる．

⑥鍋に，④のだし 600 mL と鯛のアラ，⑤のダイコン，ニンジンを入れて火にかけ（図 3.18），塩小さじ 1/2 と清酒 30 mL を入れて仕上げる．盛り付けの際にはお椀にまず鯛とダイコンを盛って，木の芽を（柚子を切って）入れてから熱い汁を張るとよい（図 3.19）．

**蛤の潮汁**：正月や雛祭，婚礼料理の汁ものに利用されている．

・材　料（4 人分）

| | |
|---|---|
| 蛤（中の大きさ） | 8 個 |
| 水：軟質，硬度 45 ～ 60 程度 | 1 L |
| 利尻昆布：ヒネ（1 年以上寝かした物） | 10 g |
| 本ダワラ（海草で神馬藻とも言われる） | 5 g |
| ウド | 1/5 本 |
| 木の芽 | 8 枚 |

図 3.20　蛤の潮汁

・作り方

①蛤は水でよく洗って，貝が死んでいないか，貝どうしを叩いて確かめる（高い音がしていると生きている．死んでいると，貝が開いているので鈍い音となる）．

②鍋に分量の水と，固く絞った布巾で表面の汚れを拭いた昆布，①の蛤を入れて中火にかける．

③水が沸騰する直前に昆布を取り出し，そのまま火にかける．沸騰したら，貝の口が開いたものから順に取り出し，冷水に落として，貝の身を貝殻からきれいに外しておく（口が開いたらすぐに取り出すのがポイント，

火が入りすぎると貝の身は小さく締まってしまう).

④貝をすべて取り出したら，ペーパータオルでだし汁を漉してあくや砂などを取り去り，塩少量と酒大匙1程度で味をつける.

⑤本ダワラは水で戻して食べやすい長さに切っておく.

⑥ウドは4cm程度の長さに輪切にしてから，縦の繊維がなくなるように四角柱形に切り落とし，薄く短冊型に切って水に落としておく.

⑦身を貝に入れて別の貝をかぶせ，本ダワラ，ウド，香りの木の芽を入れて熱くした④の潮汁を器に張って仕上げる（図3.20).

**船場汁**：船場汁とは，大阪の船場において，簡単に作れておいしい汁として，忙しい問屋街で生まれた吸い物である.

・材　料（4人分）

| | |
|---|---|
| 塩鯖のアラ | 1尾分 |
| ダイコン | 100 g |
| ネギ | 1本 |
| 水 | 1 L |
| 利尻昆布 | 20 g |
| 塩 | 2 g |
| うすくち醤油 | 5 cc |
| 白コショウ | 少量 |

・作り方

①塩鯖は三枚に卸した中骨と頭，腹骨を取ったアラを熱湯に通して，汚れや血合いを取る.

②ダイコンは皮を剥いて，1cm×5cmの短冊に切る．ネギは小口切りにして，水でサッと洗っておく.

③鍋に分量の水と，固く絞った布巾で表面の汚れを拭いた昆布を入れ，①の鯖のアラを入れ，②

図3.21　船場汁

のダイコンを入れて中火にかける.

④沸騰直前に昆布を取り出し，さらに5分程度火にかけてうま味が出ているのを確認する.

⑤④に塩とうすくち醤油で味を調える.

⑥器にアラと大根を入れて熱い汁を張り，ネギを入れ，香りに白コショウを振り入れて仕上げる（図3.21）.

［仲田雅博］

## 参考文献

1) 大和学園 京都調理師専門学校（2002）. 身につく 日本料理 基礎から仕上げまで，大和学園.
2) 仲田雅博監修，山田晴一郎（1993）. 基礎日本料理教本〈下〉，柴田書店.

# 4 だしの栄養学

## 4.1 うま味物質の生理機能

### 4.1.1 うま味の発見

うま味（umami）は基本味の一つであるが，人類が純粋なうま味物質を手にしたのは食塩，食酢，蜂蜜，多様な苦味物質などの四基本味物質と比べて最近のことである．1908 年，東京帝国大学の池田菊苗教授が昆布の煮汁からグルタミン酸塩を抽出することに成功し，グルタミン酸の塩が基本四味（塩味，甘味，苦味，酸味）とは異なる第 5 の新しい味質である“うま味”をもたらすことを発見した．その後，1913 年に池田門下の小玉新太郎が，鰹だしから核酸系のうま味物質 5'-イノシン酸塩（IMP）を，そして 1956 年にヤマサ醤油(株)の國中明が，酵母の RNA 分解産物から 5'-グアニル酸塩（GMP）を発見する．代表的なうま味物質はすべて日本人研究者の手によって発見されており，うま味はまさに日本発の味質と言える．さらに，池田と小玉のうま味物質の発見は栄養素としてのアミノ酸や核酸が，同時に味覚という生理作用を有する初めて示した発見でもあり，アミノ酸・核酸の生理学研究史上においても重要である[1]．表 4.1 に代表的なうま味物質であるグルタミン酸の体内での栄養・生理学的な作用を示した．このように，非必須アミノ酸であるグルタミン酸は単純な栄養効果にとどまらず様々な生理作用を有する．本章では，味覚や内臓感覚といった，グルタミン酸の生理作用を中心に食品中のうま味物質が担う生理機能を紹介する．

うま味の発見動機は池田により下記のように記されている[2]．

「東洋学芸雑誌上に於て三宅秀博士の論文を読みたるに佳味が食物の消化を促進することを説けるに逢へり．余も亦元来我国民の栄養不良なるを憂慮せる一人に

**表 4.1**　グルタミン酸の栄養・生理機能

| 栄養効果 |
| --- |
| 1　エネルギー源（特に消化管粘膜のエネルギー源） |
| 2　タンパク質合成の基質 |
| 3　グルタミンの前駆体 |
| 4　窒素の輸送（グルタミン） |
| 5　グルタミン酸の$\delta$-カルボキシル化 |
| 6　グルタチオンの合成基質 |
| 7　グルタミナーゼ反応の抑制 |
| 8　クエン酸（TCA）回路の中間代謝物 |
| 生理効果 |
| 1　味覚物質（味覚と内臓感覚の誘発） |
| 2　神経伝達物質（興奮性） |

代表的なうま味成分であるグルタミン酸には様々な栄養効果，生理効果が明らかになっている．

して如何にして之を矯救すべきかに就て思を致したること久しかりしが終に良案を得ざりしに此の文を読むに及んで佳良にして廉価なる調味料を造り出し滋養に富める粗食を美味ならしむることも亦此の目的を達する一方案なるに想到し，前年来中止せる研究を再び開始する決意を為せり．」

うま味の発見動機は，「食べ物をおいしくすることが，消化を助け栄養向上につながる．日本国民の健康に資する安価な調味料を開発する」ことを志としたことがうかがえ，その目的は日本国民の健康増進であったのである．

### a.　グルタミン酸塩の味

タンパク質は分子量が大きく，口腔内で味覚受容体に作用することができず，ほとんどの場合は味覚を誘発しない．事実，我々は精製したカゼインを口に含んでもほとんど味を感じることはない．我々は動植物性のタンパク質の味質を共存するタンパク質の材料の味，すなわち，遊離アミノ酸の味質の組み合せで識別する．表 4.2 に個々のアミノ酸の味質を分類した例を示す[3]．このように，個々のアミノ酸には栄養素としての作用に加え，味覚という生理作用がある．例えば，グリシン，アラニン，アルギニンおよびグルタミン酸（およびイノシン酸，食塩，第二リン酸カリウム）を加えると，カニ肉の味を再現できる．特に食品中のグルタミン酸はうま味という基本味の付与に加えて，アミノ酸の味を強める効果が報告されており，グルタミン酸が共存することで，よりカニ味らしさが感じられや

**表 4.2**　アミノ酸の味（文献[3]より作成）

味を明瞭に感じる濃度の水溶液において認知される主な基本味に◎，従な基本味に○を記載した．

| アミノ酸 | 側鎖の特徴 | 官能基 | 甘味 | 塩味 | 酸味 | 苦味 | うま味 | 補足 ※1 |
|---|---|---|---|---|---|---|---|---|
| Gly | 親水性，中性 | | ◎ | | | | ○ | |
| Ala | | 脂肪族 | ◎ | | | | ○ | |
| Ser | | OH 基 | ◎ | | | | ○ | |
| Thr | | OH 基 | ◎ | | ○ | | | |
| Cys | S 原子 | SH 基 | ○ | | | ◎ | | |
| Met | | スルフィド | ○ | | | ◎ | | |
| Val | 分岐鎖（疎水性，中性） | 脂肪族（分岐鎖） | ○ | | | ◎ | | |
| Leu | | 脂肪族（分岐鎖） | | | | ◎ | | |
| Ile | | 脂肪族（分岐鎖） | | | | ◎ | | |
| Phe | 環状（疎水性，中性） | フェニル基 | | | | ◎ | | |
| Tyr | | フェノール類 | | | | | | |
| Trp | | インドール環 | | | | ◎ | | |
| Asp | 酸性 | カルボキシル基 | | | ◎ | | | |
| Glu | | カルボキシル基 | | | ◎ | | ○ | |
| Asn | アミド型 | アミド | | | ◎ | | ○ | （1 水和物） |
| Gln | | アミド | ◎ | | | | ○ | |
| His | 塩基性 | イミダゾール環 | | | | ◎ | | |
| Lys | | アミン | ○ | | | ◎ | | （塩酸塩） |
| Arg | | グアニジル基 | ○ | | | ○ | | |
| Pro | イミノ酸 | イミノ酸 | ○ | | ◎ | | | |
| Glu/Na | 酸性アミノ酸の塩 | | | | | | ◎ | （1 水和物） |
| Asp/Na | | | | ○ | | | ◎ | （1 水和物） |

※1：官能評価に使用した際の形態

すくなる．

### 4.1.2　うま味受容体：うま味を感知する仕組み

うま味は他の基本味と同じく，舌上の味蕾と呼ばれる味細胞の集団で最初に検出される．味蕾はその名の通り蕾のような形で上皮組織に埋め込まれ，1 個の味蕾には 50 ～ 100 個の味細胞が存在する．一つの味蕾には約 50 本の味神経が分布

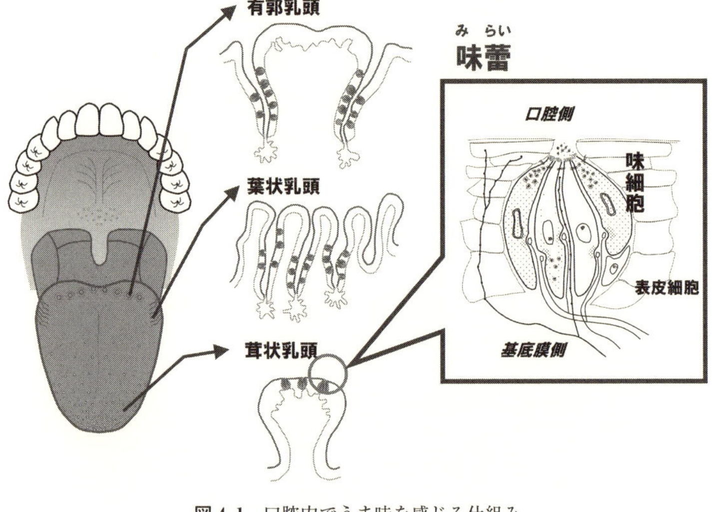


**図 4.1**　口腔内でうま味を感じる仕組み
味乳頭の味蕾に存在する味細胞に，うま味受容体が存在する．うま味は舌の奥の葉状および有郭乳頭で感じやすい．

しており，味神経の神経線維一つは平均 5 個の味細胞に分布する．味蕾は舌の前半に広く点在する茸状乳頭，舌の後側方に存在する葉状乳頭，舌の奥の口腔と咽頭境界領域に存在する有郭乳頭中に主に存在する（図 4.1）．味蕾には味孔と呼ばれる穴があり，味細胞の先端は口腔内に味毛と呼ばれる微繊毛を出している．この繊毛上に発現するうま味受容体（レセプター）に食品中のうま味物質が結合することで，うま味という味覚が誘発される．味細胞は電子顕微鏡を使った細胞の形態から，I 型，II 型，III 型，IV 型の 4 種に分類できる．II 型細胞には甘味，うま味，苦味受容体が発現し，III 型細胞には酸味・塩味受容体が発現している．IV 型細胞は味蕾の基底部にある細胞で，再生を繰り返す幹細胞と考えられている．

次に，II 型味細胞がうま味を感じる仕組みを見ていく．うま味受容体は他の甘味・苦味受容体と同じく G タンパク質共役型受容体（G-protein coupled receptor：GPCR）に属し，受容体にうま味物質が結合すると，その情報が GTP 結合タンパク質と呼ばれるシグナル増幅器を介して結果的に細胞内のカルシウムイオン濃度が上昇する．味細胞内のカルシウムイオン濃度が上昇することで，分泌応答が惹起され味細胞内に蓄えられていた味覚の伝達物質が細胞外に放出される．

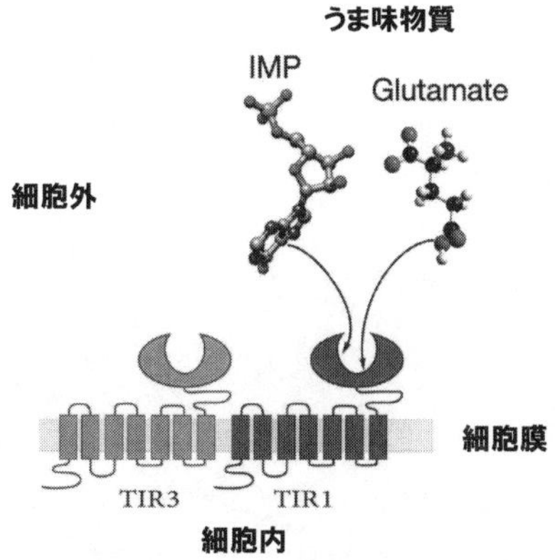

**図 4.2**　うま味受容体のモデル（文献[15]を一部改変）
様々なうま味受容体候補が示されている．ここでは，最も研究が進んでいるうま味受容体 T1R1/T1R3 ヘテロ二量体モデルを示す．うま味物質（グルタミン酸や核酸）は T1R3 サブユニットに結合することで，細胞内に情報を伝える．

そして，味細胞の周囲に存在する味神経終末の受容体を活性化し，味質の化学情報は電気情報として脳へ伝わる．

この GPCR の中で，うま味受容体はヘテロダイマーを形成して機能すると報告されており，うま味受容体は T1R1 と T1R3 という 2 種類のタンパク質で構成される．一方，T1R1 は別の T1R2 という受容体と結合すると甘味受容体になることが知られている．げっ歯類においては T1R1/T1R3 受容体は広くアミノ酸受容体として機能しているが，ヒトにおいては突然変異により，グルタミン酸以外のアミノ酸に対する親和性が低く，主としてうま味受容体として機能するようである[4]．ヒトにおいては，T1R1/T1R3 受容体のリガンドはアミノ酸系うま味物質のグルタミン酸であり，核酸系うま味物質（IMP や GMP）はアロステリックモデュレータとして作用するモデルが示されている．その受容体モデルを図 4.2 に示した．その他，うま味受容体の候補としては神経のグルタミン酸受容体である mGluR1（metabotropic glutamate receptor 1）および mGluR4 も報告されている．

### a.　味覚受容のパラダイムシフト：消化管グルタミン酸シグナリング

消化管といえば胃腸を思い浮かべる人も多いが，広義では口腔・舌も消化管の

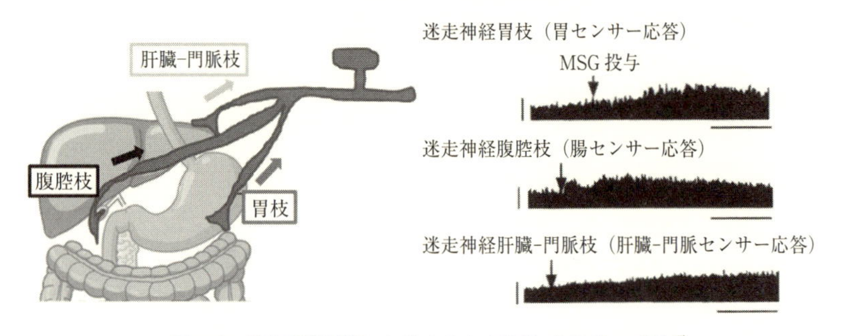


**図 4.3**　消化吸収過程におけるうま味物質（MSG）の認知[7]
新潟大学の新島らは，MSG 水溶液を胃，十二指腸および門脈内に直接投与は，迷走神経胃枝，腹腔枝，肝・門脈枝の求心性神経活動を興奮させることを発見した．これにより，うま味物質は迷走神経を介する脳腸連関（brain-gut axis）の活性化を通じて，様々な生理作用を発揮していることが示唆されるようになった．

一部と捉えることができる．味覚受容体研究が進むにつれ，近年，舌上の味覚受容体の多くが胃や腸に発現し，食物の摂取後効果と呼ばれる内臓感覚を介した摂取栄養素の認知とその消化吸収制御に関与することが報告された[5]．内臓感覚は大脳皮質で“意識に上らない感覚”であるが，栄養素の体内恒常性維持にとって重要な化学情報を含む．内臓感覚による摂取後効果には迷走神経を介する神経性調節および消化管内分泌細胞からのホルモン遊離を介する液性調節が関与するが，うま味物質は主として神経性調節により摂取後効果を引き起こすことが動物実験により示されている[6]．

消化管にうま味物質である MSG を受容する仕組みがあることを示唆したのは，新潟大学の新島である[7]．彼は胃・腸の内腔に様々なアミノ酸を注入し，迷走神経活動を計測し，MSG に強い神経活動亢進作用があることを発見した．図 4.3 に胃，小腸および門脈（肝臓）からの栄養素情報を脳に伝えている迷走神経の各枝が MSG により活性化されるという最初の研究成果を示す．食物の消化吸収経路の各段階において，食物中のグルタミン酸の情報が迷走神経を通じて脳に送られていることがわかる．特に胃腸の粘膜上にうま味物質であるグルタミン酸を受容する仕組みがあることは，食物の摂取後効果を考える上で特別の意味を持つと考えられる．グルタミン酸は食事性タンパク質中に最も豊富に含まれており，遊離の形としても最も多く共存しているアミノ酸である．タンパク質の消化を考える場合，胃における胃酸による変性，ペプシンによる部分消化は非常に重要である．

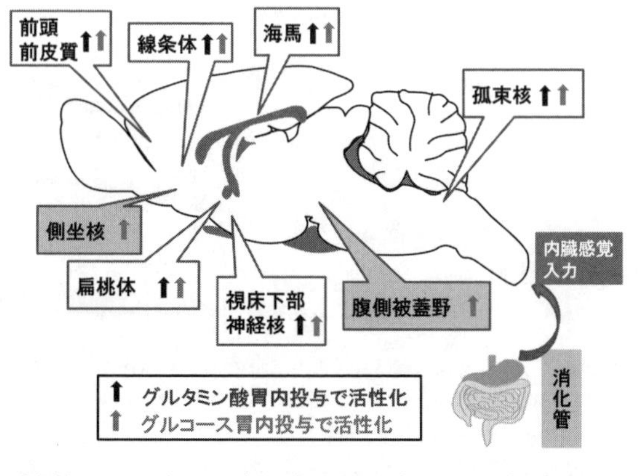


**図 4.4**　消化管におけるうま味（MSG）と甘味（グルコース）受容の脳内伝達経路（文献[8]を改変）

1% MSG 水溶液およびグルコース水溶液を胃瘻より投与した後の栄養素認知に関わる各脳部の活動を示した．両呈味物質により同様の脳部位の活動活性化が確認される．しかしながら，報酬系に関わる脳部位（腹側被蓋野，側坐核）の活動はグルコースでは活性化されるが，MSG では活性化されない．また，腹部迷走神経切断によりグルコースの脳内認知は影響を受けなかったが，MSG の脳内認知はほとんど消失する．

胃は単なる食べ物の貯蔵庫ではなく，タンパク質とともに豊富に存在する低分子化合物グルタミン酸を認識することで，自らの外分泌機能を調節し，タンパク質の消化促進を行っているのかもしれない．

消化管でのグルタミン酸受容の脳内処理過程について動物を用いた研究も進んでいる．筆者らは動物用 MRI 装置を用いてグルタミン酸や核酸の消化管受容後の脳内活動を画像により経時的に捉えることに成功している[8]．図 4.4 にグルコース水溶液とグルタミン酸水溶液を胃内に注入後の脳内伝達経路を示した．消化管からのグルタミン酸情報は迷走神経の投射先である延髄孤束核に入力され，島皮質，および記憶や情動・食欲調節に関係する大脳辺縁系の各神経核（海馬扁桃体）や視床下部の各神経核に伝わる．一方，グルコース水溶液の場合は迷走神経経由ではなく，おそらく液性因子を介する経路により，その摂取後情報は脳に伝わる．グルコースの脳内伝達経路は上記の神経核に加え，報酬に関連する神経核（側坐核，腹側被蓋野）が関与することが特徴である．脳内報酬系の活性化は食の嗜癖性に大きく関係している．動物実験では，嗜癖性が強いアルコール，グルコース，脂質は脳内報酬系を活性化するが，食塩とうま味物質（MSG と IMP）は脳内報酬系の活性化はほとんど確認されていない．このことは，うま味による「おいしさ」は脂肪や砂糖のように，摂取後効果による強い嗜癖性を惹起しないことを意味している．さらに，グルコースに対する強い嗜好は側坐核の両側破壊によりかなりの部分が消失するが，MSG 水溶液に対する嗜好は影響を受けず[9]，バー押しによる摂取欲求を計測する行動実験からは，グルタミン酸摂取欲求はグルコースと比べて嗜癖性は少なく[10]，生存本能を満足するための生理的欲求である可能性が高い．

### 4.1.3　うま味物質の摂取後効果を介する栄養・生理機能

#### a.　うま味はタンパク質摂取の目印

私たちは日々必要な量と質の栄養素を自然界に存在している様々な食物を食事という行為を通じて選択摂取し，体内の恒常性（ホメオスタシス）を維持している．食物は消化管で糖やアミノ酸といった個々の栄養素として消化吸収されたのち，筋肉や骨の材料として，また生命活動を営むエネルギー源として消費される．そして，余剰な栄養素は不足時に備えて肝臓や筋肉，脂肪，皮下組織などに蓄えられる．味覚の本質は生命活動に必要な栄養素の充足という生理欲求を満たすためのセンサー機能と捉えることができる．例えば，味覚は体内の栄養状態に強く影響を受ける．絶食で血中グルコース濃度が下がると，グルコースを豊富に含む炭水化物の多い甘い食事を好み，一方，激しい運動をして汗から多量の塩分が失われると，普段より食塩を効かせた塩辛い味付けの食事が欲しくなることは誰もが日常経験する．すなわち，甘味はエネルギー，塩味はミネラル摂取のマーカーである．苦味や酸味は強い薬理作用（毒性）のある植物アルカロイドや食物の腐敗を意味し，摂取経験による学習がない場合，概して忌避のマーカーとなる．そして，うま味はタンパク質摂取のマーカーであり，タンパク質のもととなるアミノ酸の補充という意義があると考えられている（図 4.5）．食事性タンパク質の構成アミノ酸で最も多いのはグルタミン酸である．タンパク質を含む食材には，必ず素材であるグルタミン酸が比較的多く含まれ，そのグルタミン酸の塩をタンパク質の目印として生物は利用することになった，と考えられる．

| 種類 | 代表的な味物質 | 生理学的意義 |
|---|---|---|
|  甘味 | 砂糖，果糖<br>ブドウ糖 | エネルギー源 |
|  塩味 | 塩化ナトリウム<br>塩化カリウム | 電解質（ミネラル） |
|  酸味 | 酢酸<br>クエン酸 | 未熟な果物，腐敗 |
|  苦味 | 植物アルカロイド | 毒物（薬物） |
|  うま味 | グルタミン酸塩<br>核酸 | タンパク質（アミノ酸） |

**図 4.5**　基本味の栄養・生理学的意義
基本味には生存に必須な生理欲求を満たすための栄養・生理学的意味があると考えられている.

### b. 消化管グルタミン酸シグナリング：うま味物質とタンパク質の消化

摂取タンパク量が多くなるとうま味物質であるMSGに対する嗜好が同時に上がることが，動物実験で示されている．なぜ，摂取タンパク質が多くなるとより多くのMSGを嗜好するのか．うま味物質MSGの消化管における生理作用から，うま味のタンパク質摂取マーカーとしての生理的意義を考える.

食事タンパク質の消化吸収の最適化には，①消化因子である胃液や膵液などの外分泌を高めること，②消化吸収可能な最適量を最適なタイミングで食物が輸送されること，③消化吸収機能が障害されないようにこれら消化因子から消化管粘膜が守られること，の三つが重要である．表4.3に，本観点からのうま味物質と消化機能に関するこれまでの報告をまとめた．うま味物質は，①消化因子を高めると同時に，②胃腸内食物輸送の適切な調節を行い，③防御因子を高め，摂取タンパク質の消化吸収の最適化に寄与することが想像できる．さらに，うま味物質の消化管機能賦活作用を利用して，消化管の機能異常を改善する可能性を示した報告も存在する．げっ歯類を用いた胃腸粘膜障害や急性下痢モデルにおいて，流

**表 4.3** うま味物質（MSG, IMP）と消化機能に関する研究一覧[11)]

| 項目 | 分類 | 対象 | 報告事例（抜粋） |
|---|---|---|---|
| 基礎研究 | 消化因子の亢進 | イヌ | 肉餌へのうま味調味料（MSG+IMP）添加により，胃液分泌を高める． |
| | | | アミノ酸成分栄養剤への MSG の添加は，内臓感覚（神経性および液性）を介して胃外分泌（胃酸/ペプシン/胃液）を誘導する． |
| | | | MSG 水溶液の摂取は膵液分泌を誘導する． |
| 外分泌 | 防御因子の亢進 | ラット | MSG 水溶液の胃内投与は，胃粘液の分泌を高める． |
| | | | MSG および（MSG+IMP）水溶液の十二指腸内投与は，十二指腸粘液分泌を高める．MSG と IMP の相乗効果はない． |
| | | | MSG および（MSG+IMP）水溶液の十二指腸内投与は，十二指腸重炭酸分泌を高める． MSG と IMP の相乗効果あり． |
| 運動機能 | 胃腸運動の亢進 | イヌ | 餌への MSG 添加は胃，十二指腸，回腸，空腸運動を亢進する． |
| | | 健康成人 | 高タンパク流動食への MSG 添加は胃排出を亢進する． |
| | | | 一般流動食への MSG 添加は十二指腸運動を亢進させることで排出を早める． |
| 応用研究 | 経管栄養の向上 | ラット | 流動食への MSG 添加は，経管栄養時の下痢を予防する可能性がある． |
| | | マウス | MSG 水溶液の摂取は，中心静脈栄養時の腸管粘膜萎縮を防止する可能性がある． |
| | | 病者 | 胃ろう患者への MSG 含有流動食の投与は患者の QOL を向上する可能性がある． |
| | 粘膜障害の予防 | ラット | MSG 強化食は NSAIDs 誘発性の十二指腸粘膜障害を予防・治療する． |
| | | スナネズミ | MSG 強化食は *H.pylori* 誘発性の胃粘膜障害を予防する． |
| | | 病者 | MSG 強化食は慢性萎縮性患者の胃酸分泌能力を改善する． |

うま味物質は消化管の外分泌および運動機能を高めることがいくつかの動物およびヒトの試験で確認されている．

動食へ MSG を添加することで下痢様症状の軽減が確認されている．臨床応用事例としては，萎縮性胃炎や機能性胃腸症治療に向けた取り組みや，胃瘻患者の栄養管理への活用事例が報告されている．家畜への応用例では，グルタミン酸強化飼料を離乳後の子豚に与えると子豚の消化管機能の賦活と飼料栄養効率が向上することが報告されている．これら，うま味とタンパク質の消化調節に関しては総説[6, 11)]を参照していただきたい．食品中のうま味物質は，摂取後においても胃や十二指腸で内臓感覚を誘発し，消化液の分泌や胃排出調節など生体が本来持っている消化吸収調節の機構を最大限に賦活し，栄養素の利用効率を向上に寄与するようである．

### c.　消化管グルタミン酸シグナリング：うま味物質と食欲

私たちは食事中に五感（視覚，嗅覚，味覚，聴覚，触覚）と内臓感覚を通して脳に送られる様々な感覚情報を統合し，もっと食べるのか，あるいは満腹したので食べるのを止めるか，あるいは特定の栄養素が不足しないよう別のものを食べるかなど食行動を決定する．そして，食後の満足感は脳に記憶され，次に食べる時の判断基準として大切な情報となる．食べ物を口に入れてから「おいしかった」という満足感を得るまでの食情報処理の概略を図 4.6 に示した．味覚情報は延髄孤束核から大脳皮質味覚野に送られる．大脳皮質には色々な感覚が入力される領域があり，食べ物の色，形などに関する情報は，それぞれ大脳皮質の各感覚野に伝達される．そして，摂食に伴う五感情報は，食事中あるいは食後の消化吸収の際に消化器で発生する内臓感覚情報と前頭連合野で統合され，大脳辺縁系の海馬や扁桃体に送られる．海馬は短期記憶を担い，扁桃体は快・不快あるいは好き嫌いといった情動や味覚の学習行動に関係する脳部位で食物の嗜好との関係を連合

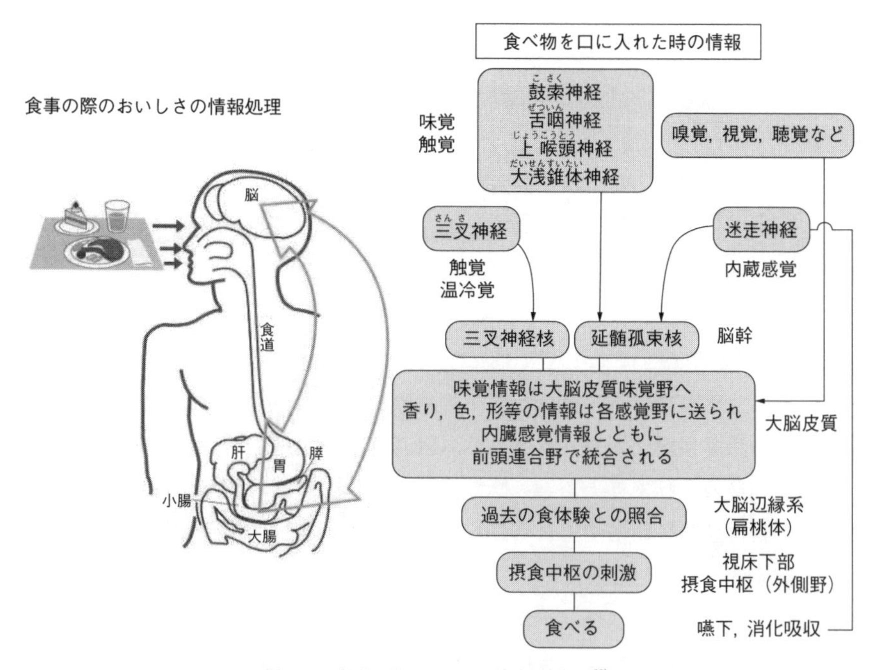


**図 4.6**　食事の際のおいしさの情報処理[23)]
五感（視覚，聴覚，触覚，味覚，嗅覚）と内臓感覚の脳への入力が摂食行動を調節する．

学習する場所であり，過去の食体験との照合と学習が行われる．そして「食べても問題がない」ことがわかれば視床下部の摂食中枢（外側野）が刺激され，「食べる」という行為が起こる．

食体験で形成された記憶は，食べ物を口に入れた時の「おいしい」という感覚から「おいしかった」という満足感につながる大きな要因の一つであり，「おいし

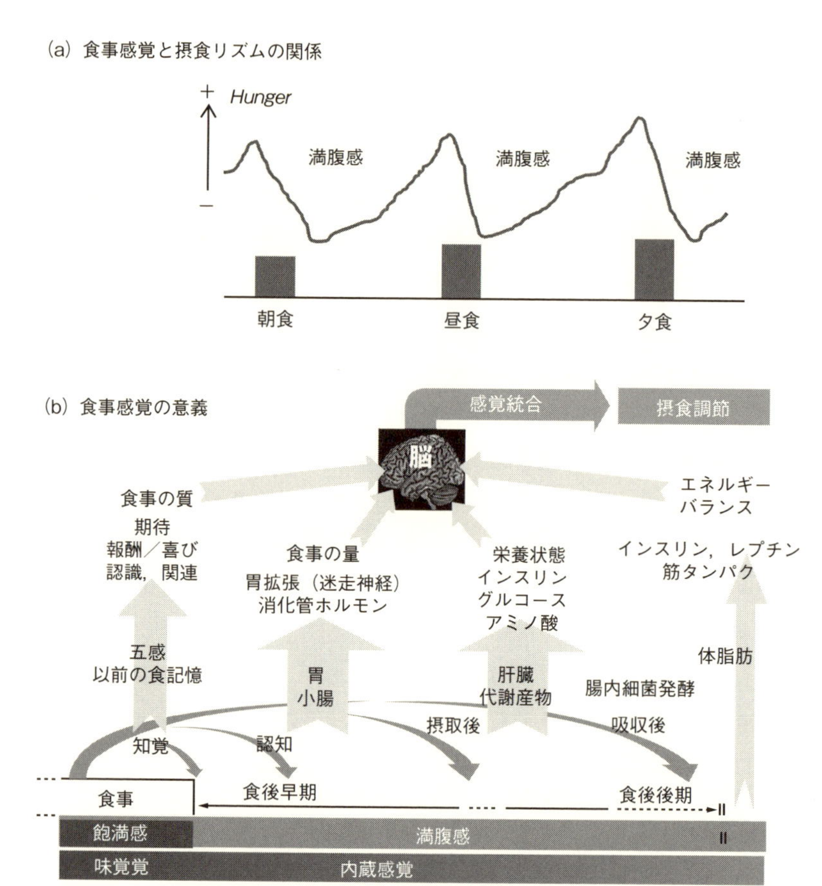


図 4.7　食事感覚と摂食調節：飽満感と満腹感[11)]

(a) 飢えの感覚（hunger）は二つの食事感覚（satiation と satiety）により影響される．食事摂取は satiation により停止し，satiety により hunger が抑えられる．

(b) satiation と satiety は味嗅覚を中心とした五感と，食事摂取後の内臓感覚（visceral sense）によりもたらされると考えられている．

かった」という満足感の繰り返しは「また食べたい」につながると考えられている．ここで言う広義の満足感という概念は，飽満感（satiation）と満腹感（satiety）およびその他の心理的因子（食経験と連合した快感情など）を含んだ総合的な食事感覚をさしており，科学的な解明が遅れている領域である．

私たちの食リズム形成の根源は，飢えの感覚（hunger）の強弱で制御されている．図4.7（a）に食事とhunger変化の関係を示す．我々は食事中の飽満感により餓えの感覚が低下して食事を停止させる．そしてその後に発生する満腹感が持続する限り，hungerは抑制され，次の食事までの間隔を生み出す．これらの飽満感と満腹感の感覚は，結果的には感情的には快感覚（ポジディブな感覚）を伴い，私たちは無理なく次の食事まで過ごすことができる．適度な食事間隔は摂取栄養素の消化吸収，代謝，残渣排泄だけでなく，消化管の機能メンテナンスにとって必要な時間を生み出す．満足感形成の現在の仮説を図4.7（b）に示す．飽満感と満腹感形成早期には味嗅覚などの五感が重要な役割を果たし，満腹感形成後期には消化吸収活動に伴う内臓感覚が重要な役割を果たすと考えられている．

### d.　うま味物質による満腹感の増強

近年，うま味物質の満腹感に対する増強を示唆する報告が存在する．健康成人を対象とした試験では，昼食後のMSGを強化したスープ摂取はその後の間食摂取量を低減することが示されている[12]．一方，ヒトの母乳はうま味物質である遊離グルタミン酸を含んでいるが，その生理的意義は長年全く不明であった．乳児の摂食調節における母乳中のうま味物質の役割について，米国モネル化学感覚研究所から報告されている．メネラらは，粉ミルクにMSGを添加することで，“うま味”を付与すると，適度な満腹感を醸成して乳児のミルク摂取量が理想的な母乳哺育水準に近づく可能性を示した[13]．さらに，英国サセックス大学では，MSGの満腹感に対する効果は共存する栄養素の組成により影響を受けることを発見し，うま味物質はタンパク質の満腹感を高めるという仮説を提唱している[14]．ただし，注意すべきことは，数時間の幅での満腹感の持続効果は，数か月以上に及ぶ総カロリー摂取低減を意味しないことである．実際の食生活の中でうま味成分の強化が過食を防ぎ体重コントロールにまで影響を及ぼすことができるのかについてはこれからの課題である．

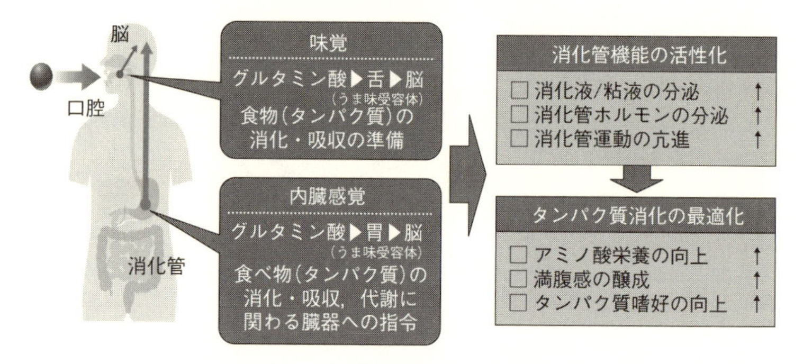


**図 4.8**　うま味物質の生理作用[11)]

代表的なうま味物質であるグルタミン酸ナトリウム（MSG）の研究知見に基づく，うま味の生理作用に関する現在の作業仮説を示した．MSG は味覚と内臓感覚を介して消化管機能を賦活し，摂取タンパク質の消化を促すとともに，摂食行動（食後感覚や嗜好）に影響を与えると考えられる．

### 4.1.4　うま味と健康長寿

図 4.8 に代表的なうま味物質 MSG の生理研究から示唆される，うま味の生理作用をまとめた．遊離グルタミン酸は口腔内において，うま味という味覚を介し，タンパク質を含む食物にうま味を付与することで，意識に上る“おいしさ（うま味）”として認知され嗜好性を高める．そして，いったん飲み込まれた後，消化管では腹部迷走神経求心路を介する神経性および液性調節を介して，胃酸や消化酵素の分泌が効果的に誘導され，摂取したタンパク質の消化吸収の最適化に寄与する．そして，遊離グルタミン酸によるタンパク質の消化吸収過程に関わる消化管機能の賦活は，同時に，満腹感醸成などを通じた食リズムの基礎的な形成にも深く関わると思われる．すなわち，うま味物質はタンパク質摂取のマーカーとして，タンパク質摂取の目印として働き，摂取後の利用効率の最適化に寄与すると同時に食生活リズムの形成といった，私たちの健康な食生活の土台に大きく貢献していると推測される．タンパク質“protein”はギリシア語の“プロティオス（第一の，最も重要な）”が語源である．タンパク質（すなわちアミノ酸）をいかに効率的に食事から取り入れ，効率的に再利用するかは生命の存続に重要な課題である．

［畝山寿之］

## 文　　献

1)　K. Kurihara (2009). Glutamate: from discovery as a food flavor to role as a basic taste (umami).

*Am J Clin Nutr*, **90**：719S-722S.

2) 池田菊苗（1933）.「味の素」の発明の動機. 人生化学（龜高徳平著），丁未出版社，東京.（インターネット青空文庫：http://www.aozora.gr.jp/）

3) M. Kawai, A. Okiyama et al. (2002). Taste enhancements between various amino acids and IMP. *Chem Senses*, **27**：739-45.

4) X. Li, L. Staszewski et al. (2002). Human receptors for sweet and umami taste. *Proc Natl Acad Sci U S A*, **99**：4692-4696.

5) Z. Kokrashvili, KK. Yee et al. (2014). Endocrine taste cells. *Br J Nutr*, 111 Suppl 1：S23-9.

6) K. Torii, H. Uneyama et al. (2013). Physiological roles of dietary glutamate signaling via gut-brain axis due to efficient digestion and absorption. *J Gastroenterol*, **48**：442-451.

7) A. Nijima (1991). Effects of oral and intestinal stimulation with umami substance on gastric vagus activity. *Physiol Behav*, **49**：1025-1028.

8) T. Tsurugizawa, A. Uematsu et al. (2009). Mechanisms of neural response to gastrointestinal nutritive stimuli: the gut-brain axis. *Gastroenterol*, **137**：262-273.

9) R. Shibata, M. Kameishi et al. (2009). Bilateral dopaminergic lesions in the ventral tegmental area of rats influence sucrose intake, but not umami and amino acid intake. *Physiol Behav*, **96**：667-74.

10) A. Uematsu, T. Tsurugizawa et al. (2012). Evaluation of the 'liking' and 'wanting' properties of umami compound in rats. *Physiol Behav*, **102**：553-8.

11) 畝山寿之（2015）. うま味物質の健康価値：グルタミン酸ナトリウムの生理機能. 化学と生物，**53**：432-441.

12) T. Imada, SS. Hao et al. (2014). Supplementing chicken broth with monosodium glutamate reduces energy intake from high fat and sweet snacks in middle-aged healthy women. *Appetite*, **79**：158-165.

13) A. K. Ventura, GK. Beauchamp et al. (2012). Infant regulation of intake: the effect of free glutamate content in infant formulas. *Am J Clin Nutr*, **95**：875-881.

14) U. Masic, M. R. Yeomans (2013). Does monosodium glutamate interact with macronutrient composition to influence subsequent appetite? *Physiol Behav*. 116-117：23-29.

15) H. Xu, L. Staszewski et al. (2004). Different functional roles of T1R subunits in the heteromeric taste receptors. *Proc Natl Acad Sci U S A*, **101**：14258-63.

## 4.2 うま味感度障害と甘味嗜好との関連

味覚は“食べる”ことが必要不可欠な動物にとって，なくてはならない非常に重要な感覚である．味覚は五大基本味（甘味・塩味・酸味・苦味・うま味）に分類されており，甘味はカロリー，塩味はミネラル，酸味は腐敗物，苦味は毒物，うま味はアミノ酸が食べ物に含まれているかどうかを識別する[1]．例えば，栄養不足などで摂取カロリーを増やしたい時は甘味嗜好がより強くなる[2]．また，人間には生まれた時から苦味感覚が備わっており，何でも口にしてしまう乳幼児が毒物を口に入れても危険が及ばないような仕組みになっている．

味覚は動物の“食行動”に大きな影響を与える．“猫舌”と言えば「熱いものが苦手」という意味が一般的であるが，実際のところネコは進化の途中で甘味受容体遺伝子が機能しなくなり，「甘いものを感じない」のが猫舌の本当の姿である．さらにパンダは元々雑食熊であり，消化管は現在も熊と同じ形態をしているにもかかわらず，進化の途中でうま味受容体遺伝子の機能を喪失してしまったがために，本来パンダの食物としてはふさわしくない不消化な笹を食べるようになったと言われている[3]．

以上のことから，味覚障害が起こると健康に悪影響を及ぼすことが考えられる．例えば甘味を感じにくくなると，より甘味を感じようと甘いものを多量に摂取して肥満になったり，また塩味を感じにくくなるとより塩味を感じようと塩分を多量に摂取して高血圧，心血管病を引き起こしたりする可能性が考えられる．実際，筆者らは健常者に比べて心血管病患者では甘味および塩味感度障害を有する人が多いことを報告している[4]．

一方，うま味感度異常が人に及ぼす影響についてはあまり報告されていない．欧米人を対象にした研究で，肥満女性はうま味感度が鈍く，かつ，うま味濃度の濃い食べ物を好むという報告がある[5]．そこで筆者は，うま味成分を多く含む和食に慣れ親しみ，欧米人に比べて肥満が少ないとされる日本人を対象に，個々のうま味嗜好・感度と肥満の関係について研究した．

### a.　対象と方法

対象は鳥取県内在住の健診受診者および内科外来・入院患者約250名．糖尿病患者および味覚に影響を与えると言われている利尿剤内服中の患者は除外した．測定項目は血圧・腹囲・身長・体重であり，空腹時採血を同日に行った．また検査当日，味の素（MSG97.5%）0.03%溶液を口に含み，味を感じた群をうま味感度正常群，感じなかった群をうま味感度低下群と定義した（弁別閾値）．さらに味の素1%溶液を口に含み，その味について好きか嫌いかを答えてもらった．好きと答えた群をうま味嗜好群，嫌いと答えた群を対照群と定義した．甘味嗜好については「甘いものは好きですか？」という問いに対して「1：とても嫌い」「2：嫌い」「3：普通」「4：好き」「5：とても好き」の解答の中から一つを選択してもらうというアンケートを施行した．そのうち「4」「5」を選択した人を甘党群に，「1」「2」「3」を選択した人を対照群と定義した．甘味感度検査では耳鼻科味覚外来でよく用いられるろ紙ディスク法を採用し，試薬には三和化学製「テーストディスク™」を用いた．5段階の濃度のショ糖液（1：0.3%，2：2.5%，3：10%，4：20%，5：80%）を径5 mm の円形ろ紙に染みこませ，薄い濃度のものから順に舌の上にのせていき，最初に甘味を感じた濃度をその人の味覚感度とした（認知閾値）．最初の3枚目までで正解が得られた群を対照群，得られなかった群を甘味障害群と定義した．

### b. 結　果

うま味感度低下群ではうま味感度正常群に比べて有意に肥満者の割合が多かった（うま味感度低下群：33.3% vs. うま味感度正常群 8.00%，$p$ = 0.0376；図4.9，表4.4）．次にうま味感度低下群の甘味嗜好について検討したところ，うま味感度低下群では正常群に比べて有意に甘味嗜好が強く（$p$ = 0.0233），また甘味感度とうま味嗜好との関係について検討したところ，甘味感度低下群では正常群に比べて有意にうま味嗜好が強かった（$p$ = 0.0311）．最後に甘味嗜好とうま味嗜好との関係について検討したところ，甘味嗜好群では対照群に比べてうま味嗜好

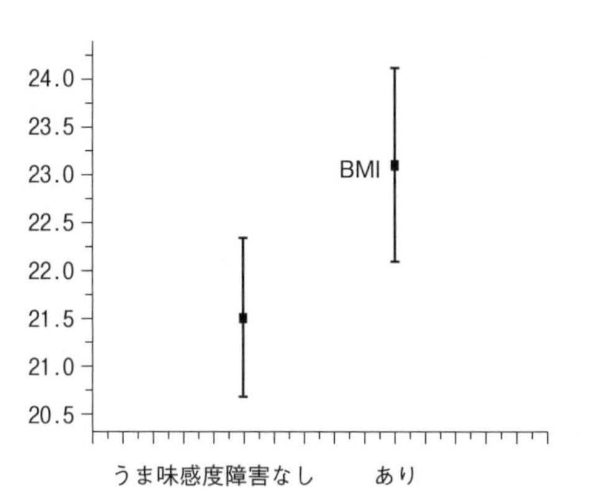


**図4.9**　うま味感度低下群と各臨床パラメータ
うま味感度障害あり（$n$ = 22），BMI：23.1 ± 1.01，うま味感度障害なし（$n$ = 25），BMI：21.5 ± 0.835.

**表4.4**　うま味感度低下と肥満との関係

| $N$ = 47 | 肥満の割合（%） | $p$ value | オッズ比 | 95%信頼区間 |
|---|---|---|---|---|
| うま味感度障害あり | 36.4 | 0.0376 | 5.617 | 1.104-28.581 |
| 対照群 | 11.5 | | | |

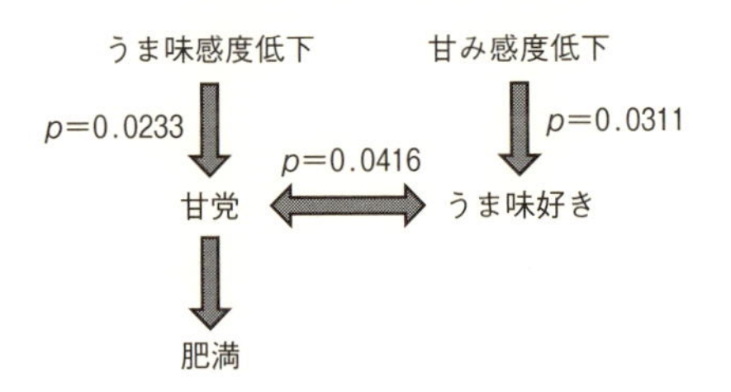


**図 4.10**　うま味感度低下と甘党・うま味嗜好との関係

群の割合が有意に低く，またうま味嗜好群では対照群に比べて甘味嗜好群の割合が有意に低かった（$p = 0.0416$；図 4.10）.

### c. 考　察

筆者らの研究より，うま味感度が低下している人は甘いものが好きで肥満になりやすいことがわかった．また，甘味感度が低下している人はうま味を好み，うま味をあまり好まない人は甘党が多かった（図 4.10）.

うま味と甘味は脳の扁桃体という場所を刺激することが知られている．脳の扁桃体は食べ物に対する好き嫌いの形成に深く関与しており，扁桃体を刺激すると食の満足感が得られる．したがって，うま味・甘味はともに食の満足感を我々に与えてくれる．

一方，大脳腹側の深部に位置する側坐核という場所は“やみつき”“依存性”に深く関与している．うま味（特に昆布によく含まれているグルタミン酸）は側坐核を刺激しないのに対して，甘味は側坐核を刺激する[6]．つまり，うま味・甘味はともに食の満足感をもたらすが，うま味は甘味と異なりやみつきになりにくく，逆に甘味はやみつきになりやすいと考えられる．

舌のうま味感度が低下するとうま味を感じにくくなり，うま味から食の満足感を得ようとすることが少なくなる．この場合，食の満足感を得るため甘いものに対する欲求が高まることが考えられる．甘いもので食の満足感を得る習慣がついてしまうと，甘いものはやみつきになりやすいため，摂取カロリー過剰となり肥満になることが考えられる．以上より，個人のうま味感度が低下することは肥満の新たな危険因子であると考えられた．

また，うま味感度が低下するとうま味で食の満足感が得られにくくなるため，うま味成分を摂取する機会が少なくなることが考えられる．うま味成分の一種であるグルタミン酸を摂取すると，視床下部の体温・基礎代謝の調節中枢である腹側視索前野や背側腹側核が刺激され，食事で生じる熱（食事誘発性熱産生）が生じる．食事誘発性熱産生は過食による肥満を防止する作用があり，グルコースにその作用が見られないことから[7)]，うま味感度が低下することでうま味成分を摂取する機会が少なくなると食事性産熱が生じにくくなり，肥満になりやすくなると考えられた．

## おわりに

最近日本では食の欧米化が進み，子供が和食を食べる機会が減っていると言われている．味覚や嗜好は個々の食習慣や経験により構築されるため，いったん嗜好が形成されてしまうと，それを矯正することは非常に困難である．生活習慣病になってから栄養指導を行うのではなく，子供のうちから和食に慣れ親しみ，「うま味を楽しむ習慣をつける」という食育が，究極の肥満・メタボリック症候群予防になるのではないかと考えている．

**[水田栄之助]**

## 文　　献


1) B. Nilius, G. Appendino (2011). Tasty and healthy TR (i) Ps. The human quest for culinary pungency. *EMBO Rep*, **12** : 1094–1101.
2) HB. Loper, M. La Sala et al. (2015). Taste perception, asscociated hormonal modulation, and nutrient intake. *Nutr Rev*, **73** : 83–91.
3) E. Carraway (2012). Evolutionary biology: the lost appetites. *Nature*, **486** : S16-S17.
4) E. Mizuta (2015). Impact of Taste Sensitivity on Lifestyle-related Diseases. *Yakugaku Zasshi*, **135** : 789–792.
5) MY. Pepino, S. Finkbeiner et al. (2010). Obese women have lower monosodium glutamate taste sensitivity and prefer higher concentrations than do normal-weight women. *Obesity*, **18** : 959–965.
6) H. Otsubo, T. Kondoh et al. (2011). Induction of Fos expression in the rat forebrain after intragastric administration of monosodium L-glutamate, glucose and NaCl. *Neuroscience*, **196** : 97–103.
7) M. Smriga, H. Murakami et al. (2000). Use of thermal photography to explore the age-dependent effect of monosodium glutamate, NaCl and glucose on brown adipose tissue thermogenesis. *Physiol Behav*, **71** : 403–407.

## 4.3　減塩へのだし活用

### a.　おいしく減塩する調理法の必要性

心筋梗塞や脳卒中などの心血管病の原因となる高血圧は様々な生活習慣の歪みで生じるが，その中で，食塩過剰摂取は最も問題となる生活習慣の一つである．もちろん，食塩は生命の維持に不可欠だが，石器時代には1日1～2g以下だったと推定される摂取量が，今や10g以上に増加し，食塩は摂取を制限すべきものにその立場を変えた．日本人の食事摂取基準2015では，食塩の摂取目標量（上限）が成人男性8.0g未満，女性7.0g未満とされているが，世界的には，世界保健機関（WHO）が成人男女ともさらに低値の5g/日以下を推奨している．

しかし，塩味は他の基本味に比べて弁別閾（味の濃淡がわかる最少濃度差）が小さく，人は料理中のわずかな塩味の強弱に気づいてしまう．その上，塩味は味の決め手とされるため，塩味が自分の好みに合わない料理は，おいしさ全体が損なわれて感じられる．そのため，おいしく減塩する方法が必要となる．

### b.　うま味を利かす

例えば，代表的なうま味物質であるグルタミン酸ナトリウム（monosodium

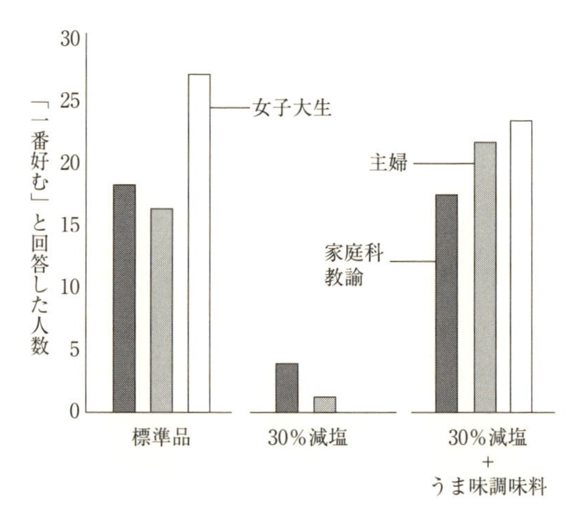


**図4.11**　減塩かきたま汁へのうま味添加効果（文献[1]を一部改変）

glutamate：MSG）は，味全体を強め総合的なおいしさを向上すると言われている．標準的なかきたま汁（塩分濃度0.7%）とここから30%減塩したもの，さらに，この減塩かきたま汁にうま味調味料（97.5% MSG，2.5% 5'-リボヌクレオチド）0.04%を加えたものの3種類のかきたま汁を飲み比べてもらうと，減塩かきたま汁を一番好んだ人はほとんどいなかったが，うま味添加減塩かきたま汁は，標準品とほぼ同数の人が「一番好む」と回答した（図4.11）．このように減塩調理にはうま味を利かすことが効果的である[2]．

**c.　天然だしとうま味調味料の違い**

では，うま味調味料とうま味が豊富な天然だしを使うのとでは，その減塩効果に違いがあるだろうか．

20歳代の女性75名について，好みの塩味の強さと普段家庭で飲んでいる味噌汁の特徴との関係を調べた．薄い塩味を好む人は味噌汁を飲む頻度が高く，その味噌汁は，薄い塩味を好まない人の味噌汁よりも塩分濃度だけでなくうま味強度も低い傾向にあったが，天然だしの使用率が高かった．この研究から，単にうま味が強いだけではなく，むしろ，だしに含まれるうま味以外の風味に，塩味が薄くてもおいしく感じさせる効果があると推測された[3]．

また，うま味強度が等しくなるように調製した4種類のだし（鰹だし，昆布だし，煮干しだし，MSG溶液）を使って卵豆腐とダイコンの含め煮を作り，20歳代の女性に対して，それらの好ましさを調査した研究がある．全般的に，普段食べているものと風味が似ていると好まれたが，鰹だしを使った場合には日常的な食体験を超えて好まれる傾向にあった．

これらの報告から，おいしい減塩食作りに，鰹だしがうま味調味料以上に有効であることが期待できる．

**d.　鰹だしの減塩効果**

うま味強度が等しい0.12% MSG溶液と6%鰹だしについて，塩味の強さが0.80%食塩水と等しく感じる塩分濃度（塩味等価濃度）を，官能評価によって求めた[4]．その結果，MSG溶液は0.81%，鰹だしでは0.68%となった（表4.5）．1%食塩水の弁別閾は6%（正確には，高濃度側への弁別閾「上弁別閾」が6%，低濃度側への弁別閾「下弁別閾」が3%）であるため，それを基本に考えると，人は0.75～0.85%の範囲の食塩水を飲むと，0.80%食塩水とほぼ同じ塩味の強さ

**表 4.5**　だしの塩味増強効果

| だしの種類 | 塩味等価濃度（%）（VS 0.80%　NaCl 溶液） | 95%信頼限界（%） |
|---|---|---|
| 0.12% MSG 溶液 | 0.81 | 0.77 ～ 0.85 |
| 6%　鰹だし | 0.68 | 0.54 ～ 0.75 |
| 混合だし* | 0.70 | 0.60 ～ 0.76 |

＊昆布 0.88%・鰹節 1.76%.

に感じることになる．0.12% MSG 溶液の場合，塩分濃度と塩味の強さの関係は，食塩水とほとんど変わらないが，6%鰹だしの場合は，本来なら 0.80%食塩水の塩味より弱く感じるはずの塩分濃度 0.68%の時に 0.80%食塩水と同じ塩味の強さに感じる．これらのことから，鰹だしには，MSG にはない塩味増強効果があると考えられる．さらに，この鰹だしの効果は，被験者がノーズクリップを着用してにおいを感じない状態で検査しても消失しなかった．そのため，この効果は，鰹だしに含まれる呈味物質に由来すると考えられる．鰹だしの味にはグルタミン酸，ナトリウムイオン，塩素イオン，イノシン酸（IMP）とその関連物質，乳酸，ヒスチジン，クレアチニン，リジン，カルノシン，カリウムイオンが重要と報告されているが，今のところ，塩味増強効果を示す物質は明らかになっていない．

一方，鰹だしの香りは，魚肉や焙乾時の燻煙と熱，脂質の酸化，カビの作用などに由来する 300 ～ 400 種類の香気成分が絶妙なバランスで形成している．たとえ塩味増強効果はなくても，この鰹だし特有の香りは減塩食の好ましさに貢献していないだろうか．

例えば，女子大生に 0.80%食塩水と 0.68%食塩水を飲み比べてもらい，どちらの塩味の強さを好むかを尋ねると，その好みはほぼ二分されるが，0.68%食塩水のみ鰹だしの香りを嗅ぎながら飲んでもらうと，被験者の 80%が 0.68%食塩水の方が好ましいと回答する．このように，鰹だしの香りには薄い塩味の好ましさを向上させる効果があることが読み取れる[5]．

ところで，人がにおいを感じるのは，鼻腔奥の嗅上皮を構成する嗅細胞が香気成分を受容することによるが，香気成分が嗅上皮に到達するには前鼻孔経由と後鼻孔経由の 2 経路がある（図 4.12）．特に，後鼻孔経由のにおいは，味とともに風味として感知されるため，往々にして味と誤認されており，味覚に影響すると

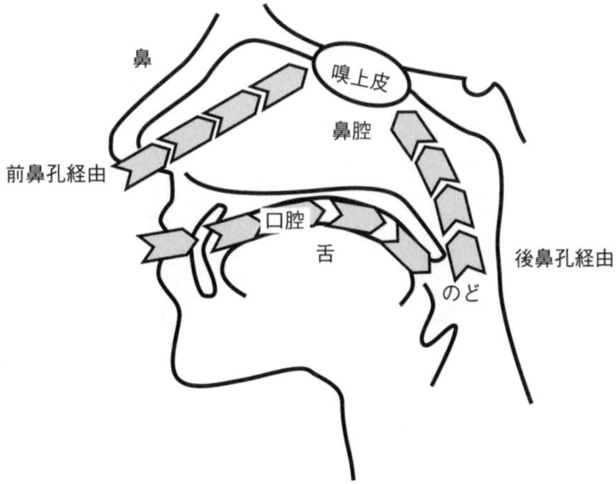

図 4.12　においの経路

**表 4.6**　鰹荒節だしの香りが味に及ぼす影響

| だしの種類 | I | II | III | IV | V |
|---|---|---|---|---|---|
| におい刺激<br>味刺激 | 荒節だし<br>蒸留水 | 荒節だし<br>0.68%NaCl | 荒節だし<br>荒節だし | 荒節だし<br>荒節だし，0.68%NaCl | –<br>0.68%NaCl |
| うま味 | $1.6 \pm 1.1^{ab}$ | $3.2 \pm 1.8^{bc}$ | $2.3 \pm 1.0^{abc}$ | $3.4 \pm 1.0^{c}$ | $1.1 \pm 1.4^{a}$ |
| だしらしさ | $2.9 \pm 1.1^{ab}$ | $4.5 \pm 1.3^{c}$ | $3.4 \pm 0.7^{bc}$ | $4.6 \pm 1.1^{c}$ | $1.4 \pm 1.3^{a}$ |
| 好ましさ | $2.7 \pm 1.0^{ab}$ | $4.2 \pm 1.5^{c}$ | $3.0 \pm 0.7^{bc}$ | $3.8 \pm 1.0^{bc}$ | $1.8 \pm 1.0^{a}$ |
| 被験者数 | 9 | 10 | 10 | 10 | 8 |

7点評点法（0～6点）にて回答.
チューキー法による検定. 同一アルファベット間に有意差なし（$p < 0.5$）.

いう報告も少なくない．そこで，鰹だしの香りを後鼻孔経由で与えた時に感じるうま味，だしらしさ，好ましさを調べた（表4.6）．鰹節の中でも荒節（原料鰹を身卸し後焙乾まで行ったもの）を使っただしの香りを後鼻孔経由で与えながら蒸留水を飲んでもらった場合（I）には，ややだしらしさと好ましさが好転する程度で特段影響はなかったが，蒸留水を0.68％食塩水に替えると（II），実際にだしを飲んだ時（III）以上にうま味とだしらしさを感じ，おいしさも向上して，塩分濃度0.68％の荒節だしを飲んだ場合（IV）に匹敵する評価を得た[6]．このように，鰹だしの香りは，うま味物質がなくても，薄い塩味を加えるとうま味を引き出すことができる．鰹だしの香りによって薄い塩味の好ましさが向上するのは，この特性に基づくと推測される．

### e. 実際の料理での鰹だしの減塩効果[7]

女子学生に，だしの鰹節濃度は知らせずに，自分の好みに合うように加える味噌の量を調整して味噌汁を作ってもらうと，だしの鰹節濃度が高くなるにつれて味噌汁の塩分濃度が低下するとの報告がある．しかし，これでは，その効果がうま味によるか，鰹だし特有の風味によるかはわからない．そこで，だしの塩分濃度をいくつか変えて卵豆腐を調製し，その好ましさを比べた（図 4.13）．だしを水に置き換えて，それ以外は通常どおりに作った卵豆腐（塩分濃度 0.90%）の好ましさを 0 点として，それより好きなら＋（上限 3 点），嫌いなら－（下限－3 点）で点数をつけてもらったところ，鰹だしを使った卵豆腐の場合は，塩分濃度を 0.75%に下げても好ましさは変わらなかったが，鰹だしをうま味強度の等しい MSG 溶液に替えると好まれなくなった．このことから，うま味だけでなく，鰹だし特有の風味（味と香り）が実際の減塩調理に効果的であることが証明された．

### f. 減塩に効果的なだしとは

先述の塩味増強効果が確認できた 6%鰹だしは，広く料理に使うには，香ばしさや苦味がやや差し障る．では，どんなだしが減塩調理に使いやすいだろうか．

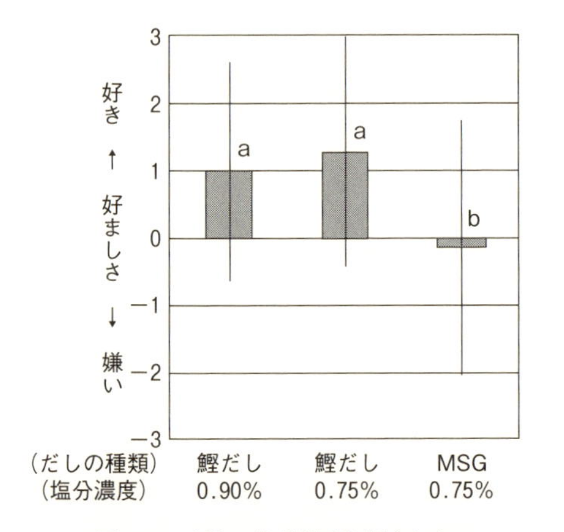


**図 4.13** だしの塩分濃度と好ましさ
だしの代わりに水を用いた卵豆腐（塩分濃度 0.90%）の好ましさを 0 とする．チューキー法による検定．同一アルファベット間に有意差なし（$p < 0.5$）[4]．

おいしい減塩には，十分なうま味に，鰹だし特有の風味を有することが必要であるが，これは，まさに鰹と昆布の混合だし（一番だし）に該当する．このだしは，昆布に豊富なMSGと鰹節由来のIMPの相乗効果によってうま味が豊かで，鰹だし特有の風味も十分感じられる．実際に，混合だし（昆布0.88%，鰹節1.76%）の減塩効果を調べたところ，6%鰹だしにほぼ匹敵する塩味増強効果があった（表4.5）．また，このだしの塩分濃度を0.62%に調整し，0.80% 食塩水と塩味の好ましさを比較したところ，80%以上の被験者が混合だしを選択したことから，混合だしは薄い塩味への嗜好性も向上できることがわかった．このだしは，江戸時代に既に用いられており，今も日本料理の基本のだしとされている．日本人は，おいしい減塩方法をすでに獲得していたにもかかわらず，日々の家庭料理に活用することを忘れているのかもしれない．　**[真部真里子]**

**文　献**

1)　日本うま味調味料協会編（2007）．Umamiうま味の秘密，株式会社トーカイ．
2)　S. Yamaguchi, C. Takahashi (1984). Interactions of monosodium glutamate and sodium chloride on saltiness and palatability of a clear soup. *J Food Sci*, **49**：82-85.
3)　真部真里子（2003）．家庭の味付けが塩味嗜好形成に及ぼす影響―味噌汁の呈実味調査から．家政誌，**54**：163-70.
4)　M. Manabe (2008). Saltiness enhancement by the characteristic flavor of dried bonito stock. *J Food Sci*, **73**：S321-5.
5)　M. Manabe, S. Ishizaki et al. (2009). Improving the palatability of salt-reduced food using dried bonito stock. *J Food Sci*, **74**：S315-21.
6)　M. Manabe, S. Ishizaki et al. (2014). Retronasal odor of dried bonito stock induces umami taste and improves the palatability of saltiness. *J Food Sci*, **79**：S1769-75.
7)　国立循環器病研究センター（2015），1日1品から始める国循のかるしおレシピ練習帖，セブン＆アイ出版．

## 4.4　栄養不良の改善

### 4.4.1　うま味の生理的意義

甘味，塩味，苦味，酸味の四源味は，それぞれエネルギーの補給，体液の浸透圧，毒物の危険，そして腐敗の危険を感じとるためにできた生理学的メカニズムであると言われる．それでは，5番目の味として日本人研究者たちによって発見されたうま味には，どのような意味があるのであろうか．ここでは，うま味物質であるグルタミン酸ナトリウム(mono-sodium glutamate：MSG)およびイノシン酸(IMP)について，低栄養の改善に効果を期待できるかを筆者らの研究を中心にまとめた．

### 4.4.2　タンパク質・エネルギー欠乏症

筆者は，1980 年から長期滞在約 3 年を含めて 10 年余り，JICA 寄贈のガーナ大学野口英世記念医学研究所で低栄養とその改善に関する教育・研究を行い，また文科省の奨学金を得て，同研究所から数名の大学院留学生を招聘し，学位指導を行った．低栄養の代表ともいえるタンパク質・エネルギー欠乏症（protein-energy malnutrition：PEM）の疾患にカシオコール（Kwashiokor）という言葉がある．これは，ガーナ語で，日曜日生まれの男の子（Kwashi）と（皮膚の）色が薄い（okor）という意味に由来する（図 4.14）[1]．

赴任前，ガーナではあちこちにカシオコールの子供がいると想像していたが，実際に屋外で見るようなことはなかった．研究を進めるうちにわかったことは，子供たちが麻疹などに感染すると，発熱，下痢，食欲不振などを併発し，栄養状態が悪いと免疫力が弱く，そこから回復できない者が写真に見るような強度の低栄養になることであった．当然のことながら，カシオコールの改善のためにタンパク質・エネルギーの十分な供給が推奨されてきたが，これは経済的な理由から必ずしも容易でなく，現在はビタミン A や亜鉛といった費用のかからない免疫増強剤による方法が効果をあげている．また，最近の日本では高齢者人口が増え，

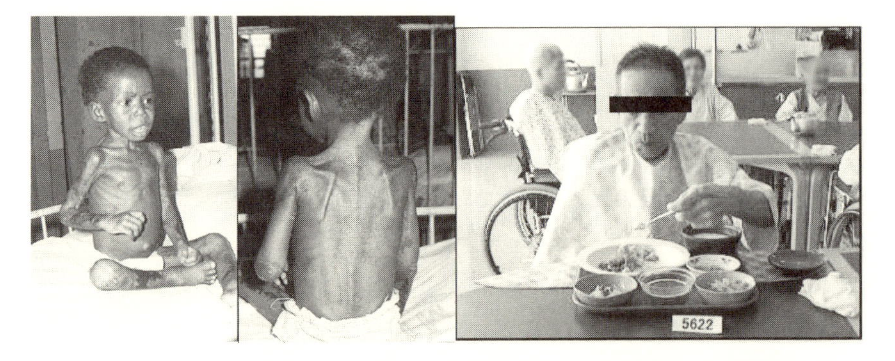


**図 4.14**　カシオコールのガーナ男児（写真左，中央）と PEM の高齢者（筆者撮影）

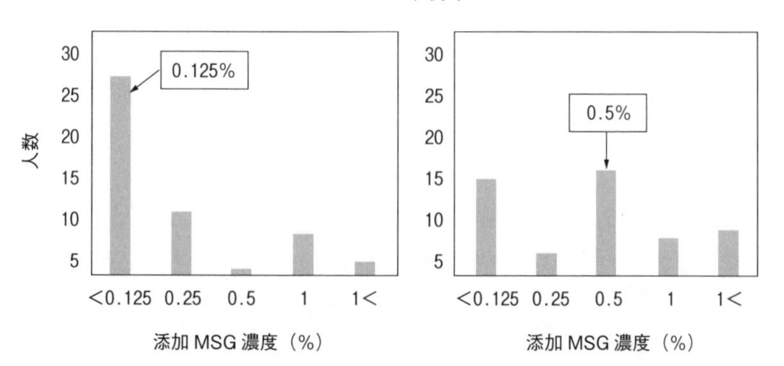


**図 4.15**　壮年（39 名）および高齢者（40 名）による味覚感受性試験[10]
左：壮年 40 ～ 50 代（44.8 ± 2.8 歳），右：高齢 60 ～ 90 代（84.3 ± 6.1 歳）．
試験食：0.2%食塩含有のお粥に MSG を 0.125，0.25，0.5，1%添加して用いた．高齢者はうま味の感受性が低下していることがわかる．

彼らの間に多くの PEM が見られる．筆者は，うま味成分であるアミノ酸（MSG）や核酸成分（イノシン酸を含む）の PEM からの回復効果について研究を進めてきた[2-8]．

### 4.4.3　入院高齢者の栄養不良と MSG

日本では，入院高齢患者の 35%以上が PEM であると推定されている．高齢者では，味を含む感覚の低下がある（図 4.15）．うま味成分の代表であるグルタミン酸ナトリウム（MSG）濃度に対する感じ方も低い．高齢の入院患者の遊離グルタミン酸摂取量は，同年齢の健康な人の半分以下である．高齢入院者の病院食の汁物に 0.5%, w/w の MSG を 2 か月添加した結果では，認知度，食行動，意欲，言葉による意思疎通などに改善が見られた．また，血中リンパ球数の増加が見られた．

### 4.4.4　MSG による栄養改善のメカニズム[9, 10]

#### a.　口　腔

食事は人生の大きな楽しみの一つであり，最適な栄養，食欲の満足度と QOL は，高齢者にとって重要である．食品を摂取した時分泌される唾液は，溶媒，潤滑剤として嚥下を可能にする．また唾液は，歯の潤滑および石灰化，免疫機能や微生物の増殖を防止するために重要である．唾液分泌量が減少した高齢者では，口腔の衛生状態が悪化する．高齢者の食事にMSGを添加すると，唾液分泌量が増える．このことは，MSGの投与が口渇およびその合併症に苦しむ高齢者にとって有意義であることを示唆するものであろう．

**b.　消化管**

MSGによる味と嗜好の向上は，味蕾に位置する特定のグルタミン酸受容体を介して行われる．食事由来の遊離グルタミン酸は，胃の迷走神経を刺激し，胃液分泌および胃の運動性を活性化する．胃内容物の小腸への移行遅延は，胃の不快感，腹圧上昇による胃食道逆流で肺炎につながる．健康な成人で汁物に0.5% MSGを添加すると胃から小腸への移行を増加させる．これはタンパク質が豊富な流動食の時に顕著である．また，食事のグルタミン酸は腸組織にとって重要なエネルギー源である．このような知見は，高齢者において食事へのMSG補給が胃の機能と全体的な栄養を向上する可能性を示唆するものであろう．

### 4.4.5　イノシン酸

日本人にとってのMSGと並ぶ“だし”は鰹節から得られるイノシン酸であろう．イノシン酸は，リボース5-リン酸からアデノシン一リン酸，グアノシン一リン酸 へ至る中間体である．またアデノシン一リン酸が分解して尿酸となる過程においても生じる．尿酸は痛風の原因物質で，核酸成分のアデノシンやグアノシン〈プリン体〉からつくられることから，これらの含有量の多い食物をなるべく避けることが進められている．日本人成人の食事からのプリン体摂取量は250～450 mg／日であり，アメリカでは500～1000 mg／日であると見積られている．プリン体含量の高い食品（75～400 mg／100 g）は，牛肉，鶏肉，豚肉，羊肉，肝臓，肉抽出物，サバ，アンチョビ，イワシなどである．

一般に生体は，正常な成長や代謝に必要な核酸・核酸成分を新生できるので，食事中の核酸・核酸成分は必要でないと考えられている．一方，人間の母乳にかなりの核酸・核酸成分が含まれていることは，核酸・核酸成分の摂取の必要性があることを示していると考えられる．その意義は長い間不明であったが，各種の生理機能が明らかにされるにつれて人工乳にも添加されるようになった．腸や免疫系のように代謝が活発な細胞や組織では核酸成分の要求が高く，生体内合成量では不十分であることが知られてきた．赤血球，多核白血球，腸粘膜，骨髄，造血細胞，脳細胞などの人体の多くの細胞や組織は核酸・核酸成分の生合成が不可能である．肝臓はそれらを合成し，合成できない組織に供給している．しかし，生体での合成量は不十分で，経口的な摂取が必要となることがある．

### 4.4.6 核酸成分による免疫増強

免疫機能は核酸依存性である．メチシリン耐性黄色ブドウ球菌（MRSA）は世界的な臨床問題であり，MRSAの抗生物質感受性コントロール対策や院内での感染経路は報告されているが，栄養を通してMRSA感染に対する抵抗を改善するという試みはなかった．筆者らはマウスの研究ではあるが，核酸成分混合物の投与によりMRSA感染20日後の生存マウスのひ臓と腎臓からの菌の減少と死亡率を著しく軽減できることを観察した．現在，多くの静脈栄養剤や経腸栄養剤には，核酸成分が添加されている（図4.16）[2,5-7]．

筆者らの研究で，クローン病モデルラットあるいはアレルギー性鼻炎モデルマウスで核酸成分の投与により症状が顕著に悪化したことは，核酸の免疫増強作用は，時によっては免疫過敏現象を招くほど強いものであることも示唆するものであろう[6]．

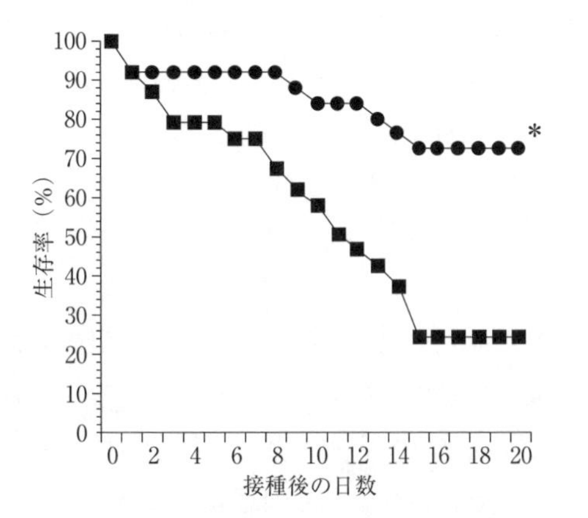


**図4.16** ヌクレオチドを与えたBALB/c雌マウスにメチシリン耐性黄色ブドウ球菌を感作後の生存率[7]
●ヌクレオチド群，25匹，■対照群，24匹，＊$p < 0.01$.

### 4.4.7　核酸成分の投与による腸機能の改善

腸は食事の消化と吸収ばかりでなく病原体からの内部環境の防御機構という重要な役割を持つ．腸からの細菌の生体内への侵入（bacterial translocation）は，重篤な患者や免疫力低下宿主での敗血症の潜在的原因である．消化管粘膜は，火傷，手術あるいは精神的なストレスなどにより容易に障害を受ける（図 4.17）．筆者らはタンパク質欠乏マウスでの核酸成分の投与により細菌の侵入を抑制すること，生存率を高めることを報告した（図 4.18）．

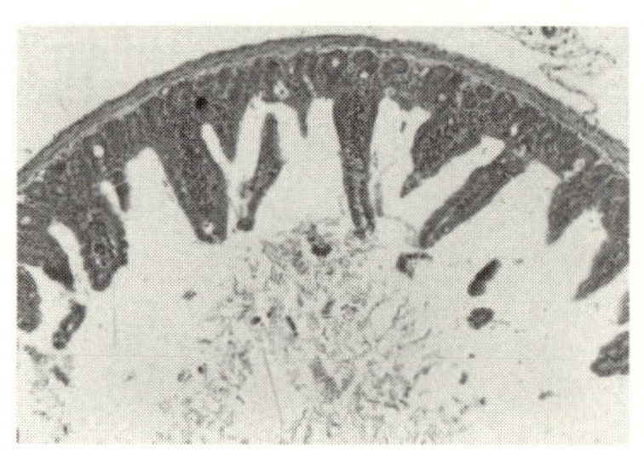
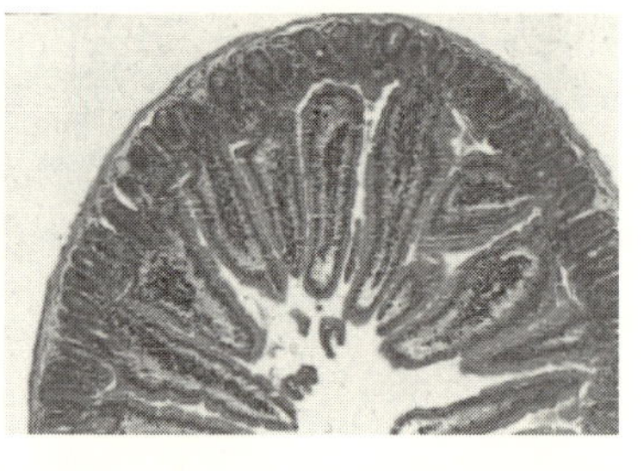

**図 4.17**　左：腹腔内へエンドトキシン 50 μg を投与 48 時間後のタンパク質欠乏マウス回腸末端部；腸粘膜の萎縮が明白である．繊毛の長さ，陰窩部の奥行はともに衰退し，腸壁も薄くなっている（× 200）．
右：食事に 0.5% のヌクレオチドを添加した場合．腸粘膜および腸壁の状態が改善されている（× 200）[8]．

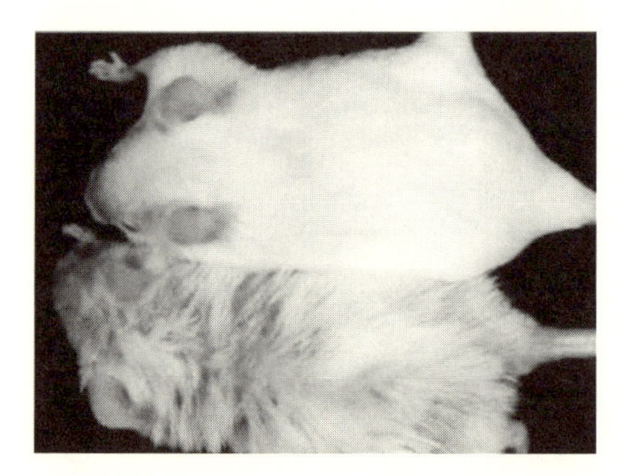

**図 4.18**　同月齢（10 か月）の正常マウス（上）と老化促進マウス（下）[3]
竹田俊男・元京都大学教授より提供．

### 4.4.8 核酸成分の学習機能への影響

老化促進マウスは寿命が約1.3年で，同種の正常なマウスに比べて老化が半年ほど早く，8か月頃から記憶力の低下が起こる（図4.18）．筆者らは，この老化促進マウスを用いて記憶力をテストする回避学習試験を行ってきた．回避学習試験とは，小箱の中間にマウスが移動できるほどの穴をあけ，床には電流を流してショックを与えることのできる装置である．受動的回避試験と能動的回避試験の二つがある．受動的回避試験では，箱の仕切りの片方を明るくし，もう一方を暗くしておきマウスを明るい部屋に入れると，明るい場所を嫌うマウスは暗い方に逃げ込む．逃げ込むと電気ショックを与える．再びマウスを明るいところに戻すと，記憶力の良いマウスほど嫌いな明るい部屋で留まる．すなわち罰を回避できることから名づけられたものである．能動的回避試験では，マウスを片方の部屋に入れ，灯りをつけて数秒すると床から電気ショックが起こるが，もう一方の部屋に逃げ込めばショックを回避できる仕組みになっている．繰り返し試験の中で回避回数で評価する．8か月齢の老化促進マウスに核酸成分を加えたエサを与えると，これらの回避の成功率が高まる．すなわち，核酸成分を自身で合成できない脳組織では，老化に伴い肝臓からの核酸成分の供給が低下し，食事からの供給が効果を持つことを示唆するものであろう（図4.19，4.20）[4]．

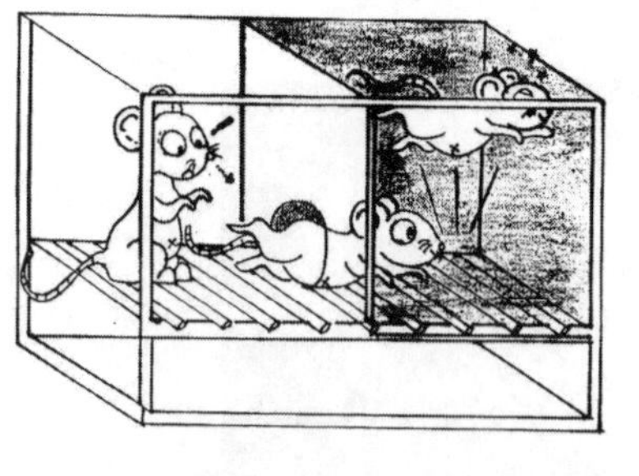

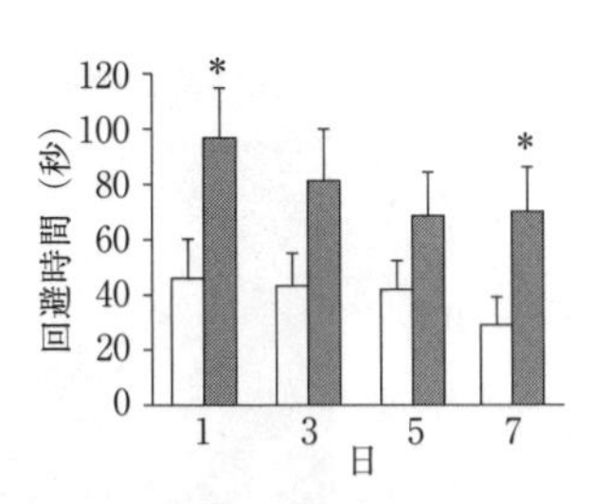


**図4.19** うま味物質（ヌクレオチド）を与えた時の記憶テスト（受動的回避学習テスト）[4]
マウスは明るい部屋に不安を覚え暗い部屋に移動する．暗い部屋に入ると電気ショックを与える．再び明るい部屋に戻した時，明るい部屋にとどまる時間，すなわち電気ショックを回避する時間は，対照群に比べてヌクレオチド群では7日後でも長い（記憶がよい）．
□対照，▩ヌクレオチド．

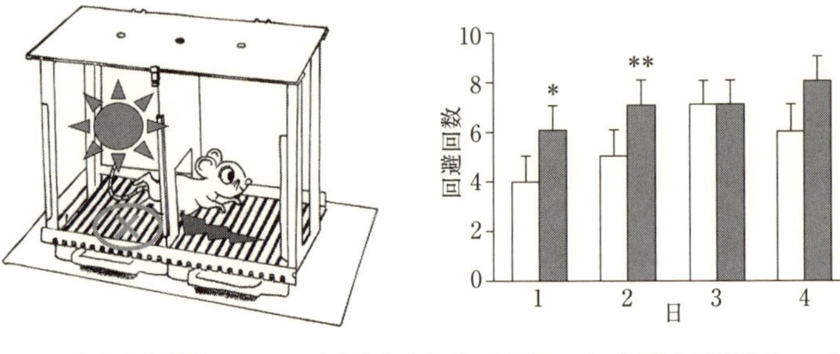


**図 4.20**　うま味物質（ヌクレオチド）を与えた時の記憶テスト（能動的回避学習テスト）[4)]
マウスを明るい部屋に入れ，ブザーを鳴らした時に別の部屋に移動しなければ床から電気ショックを与える．ブザーが鳴った時に，何回回避できるかを調べる．1日10回実施する．ヌクレオチドを与えた組では，日数が経っても電気ショックを回避できる回数が多い．すなわち記憶がよい．□対照，■ヌクレオチド．

### 4.4.9　グルタミン酸とイノシン酸の関係

筆者らは，グルタミンや核酸成分の免疫増強作用をはじめ細胞増殖作用，腸粘膜の修復作用，老化による脳機能低下などの生理機能について研究を行ってきた．また核酸成分が同様の機能をはるかに少量で発揮することを見出した．その理由としては，グルタミンを投与することにより，その成分のアミドを利用して核酸成分であるヌクレオチドの合成が高まることを考えている．ヌクレオチドは，グルタミンよりも物質的に安定で，味もよいことから，今後，多くの有効利用法が開発されてくると期待される．もちろん，痛風が起こるような過剰摂取は避けなければならない．

### おわりに

以上述べたように，うま味を呈するMSGおよびイノシン酸（核酸成分）は，免疫力低下，消化管粘膜障害，脳機能低下などの症状に対して有効である．現在，ほとんどの術後栄養剤や調整粉乳には，MSGあるいは核酸成分が含まれている．しかし，うま味物質の栄養学的な意義はわかっていないことが多く，今後さらに多くの研究が求められる．

［山本　茂］

### 文　献

1)　山本　茂（1984）．ガーナのたん白質・エネルギー欠乏症と麻疹 臨床栄養，**64**：65-70.

2) A. A. Adjei, S. Yamamoto et al. (1995). Nucleic acids and/or their components - A possible role in immune function. *J Nutr Sci Vitaminol*, **41** : 1-16.
3) D. Kunii, M. F. Wang et al. (2004). Ameliorative effects of nucleosides on senescence acceleration and memory deterioration in senescence-accelerated mice. Snescence-Accelerated Mouse (SAM) : An animal Model of Senescence (Y. Nomura, T. Takeda, Y. Okuma eds.) Elsevier BV, pp. 143-149.
4) T. H. Chen, H. P. Huang et al. (1996). Effects of dietary nucleoside-nucleotide mixture on memory in aged and young memory deficient mice. *Life Sci*, **59** : PL325-330.
5) A. D. Kulkarni, A. Sundaresan et al. (2014). Application of diet-derived taste active components for clinical nutrition: perspectives from ancient Ayurvedic medical science. *Space Medicine, and Modern Clinical Nutrition*, **20**(16) : 2791-6.
6) H. Mansouri, S. Yamamoto et al. (1996). Effect of dietary nucloesides and nucleotides on murine allergic rhinitis. *Am J Med Sci*, **312** : 202-205.
7) 山本　茂, Anil D Kulkarni et al. (2002). 栄養による宇宙での免疫機能維持平成. 四国医学雑誌, **58**(6) : 302-308.
8) S. Yamamoto, M. F. Wang et al. (1997). Role of nucleosides and nucleotides in the immune system, gut reparation after injury and brain function. *Nutrition*, **13** : 372-374.
9) K. Toyama, M. Tomoe et al. (2008). A possible application of monosodium glutamate tonutritional care for elderly people. *Biol Pharm Bull*, **31**(10) : 1852-4.
10) S. Yamamoto, M. Tomoe et al. (2009). Can dietary supplementation of monosodium glutamate improve the health of the elderly? *Am J Clin Nutr*, **90** : 844S-849S.

## 4.5 医療現場でのだしの活用

わが国では，急激な高齢化を背景に味覚障害者が増加している．高齢者の味覚障害は単に感覚障害ではなく，食欲減退から栄養障害や全身状態の悪化につながる重要なサインである．味覚障害の原因は多岐にわたるが，その一つとして唾液分泌低下があげられる．唾液は味物質を溶かして味蕾に運ぶ役割を担っているため，味覚と深く関わっている．本節では，高齢者の健康に直結する味覚障害と唾液分泌との深い関係，さらに“だし”を用いた味覚障害の改善について述べる．

### 4.5.1 味覚障害の実態および味覚と健康との関係

高齢者味覚障害の実態を調査するため，仙台市近郊の養護老人ホームに入居し，健常者と同様の自立した日常生活をおくっている 65 ～ 94 歳の 71 名を対象として味覚検査を実施した．その結果，約 36.6%に味覚障害が認められた（図 4.21）[1]．予想以上に高い比率である．

次に，東北大学病院口腔診断科を受診した 65 歳以上の 120 名を対象に味覚と食

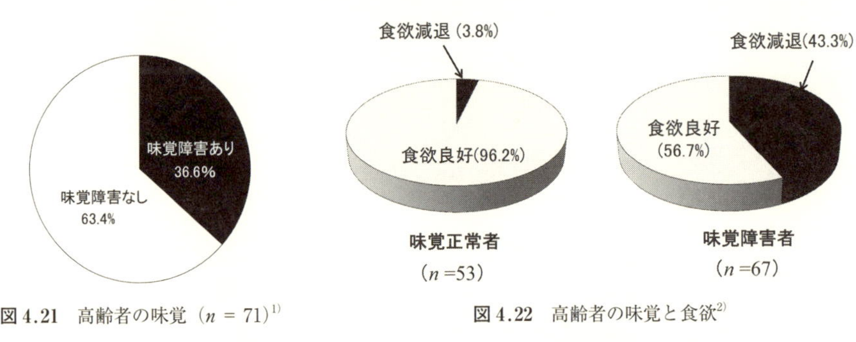


図 4.21 高齢者の味覚 ($n$ = 71)[1)]

図 4.22 高齢者の味覚と食欲[2)]

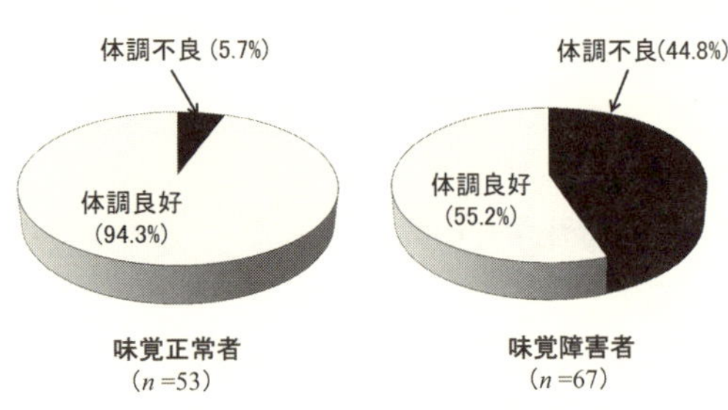


図 4.23 高齢者の味覚と体調[2)]

欲および体調との関係について調べた．その結果，味覚が正常であると認識している 53 名では，食欲良好と答えた者が 96.2%，食欲減退と答えた者が 3.8%であったのに対し，味覚が異常であると認識している 67 名では，食欲良好と答えた者が 56.7%，食欲減退と答えた者が 43.3%であった（図 4.22）[2)]．また，味覚と体調との関係では，味覚が正常であると認識している高齢者の 94.3%が体調良好と答えたのに対し，味覚が異常であると認識している高齢者で体調良好と答えた者は 55.2%で，44.8%の者は体調不良を訴えた（図 4.23）[2)]．このように，味覚は高齢者の食欲や体調不良と深く関わる重要な感覚である．

一方，味覚の維持には毎日の栄養補給が欠かせない．なぜなら，味覚をつかさどる味センサーである味蕾は，常に再生して新しく置き換わっているからである．食欲減退からの低栄養は，味覚障害をさらに重篤化し，悪循環に陥る危険性がある（図 4.24）．さらに，高齢者の低栄養は骨粗鬆症や骨折，褥創とも関連し，要介護へ陥る危険性がある．低栄養を予防するためにも味覚障害を改善し健康長寿を実現させたい[3)]．

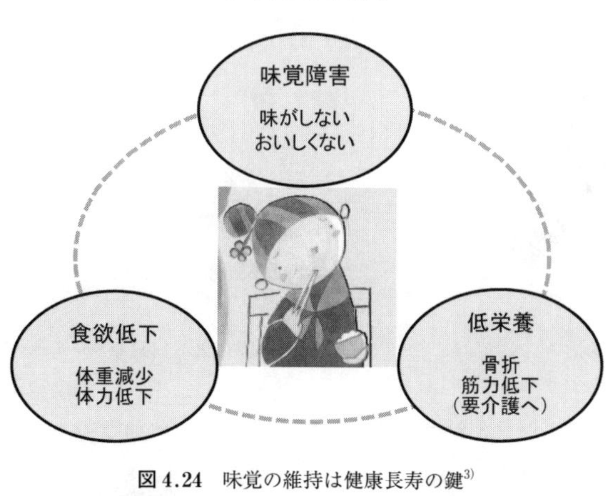


図 4.24　味覚の維持は健康長寿の鍵[3]

## 4.5.2　味覚障害と唾液分泌量との関係

図 4.21 で述べた高齢者に対して，唾液分泌量と味覚障害の関係について調べた．唾液分泌量の評価には，10 分間ガムを噛んで分泌される刺激唾液量を用いた（ガムテスト：基準値 10.0 ml/10 分）．その結果，味覚正常者 45 名の唾液分泌量の平均値は 12.8 ± 4.3 ml/10 分と基準値を上回っていたのに対し，味覚障害者 26 名では 4.8 ± 2.0 ml/10 分と全員が唾液分泌低下の状態であった（図 4.25）[1]．

味覚は，味物質が味蕾内の味細胞に到達し受容されることで生じる感覚である．唾液は，①味物質を溶解し味蕾に運ぶ，②唾液中の成長因子は味蕾の再生を促進する，③唾液中の各種抗菌・抗炎症成分は味蕾を保護するなどの働きがあり，味覚の受容と密接に関連している[4]．前述の調査結果から，高齢者における味覚障

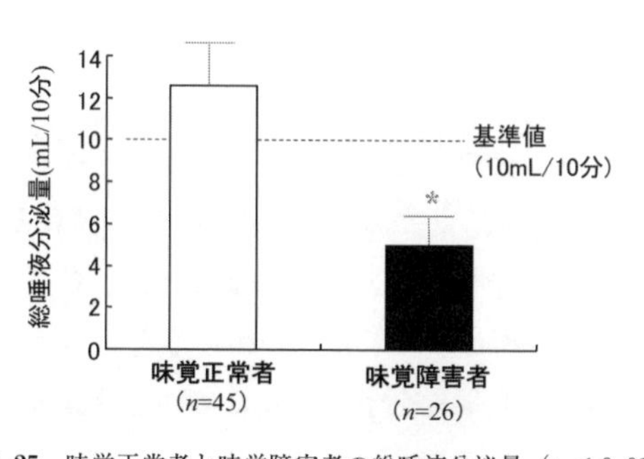


図 4.25　味覚正常者と味覚障害者の総唾液分泌量（$p < 0.01$）[1]

害は唾液分泌量低下と密接に関連することが明らかとなり，高齢者の味覚障害には唾液分泌を改善する治療が有効と考えられた．

### 4.5.3 “うま味”を用いた唾液分泌の改善

唾液分泌を改善するための治療法として塩酸セビメリンなどの副交感神経作動薬が有用であることから，この種の薬剤がシェーグレン症候群や放射線治療による唾液分泌低下の改善に用いられている[5]．しかし，この薬剤は全身の副交感神経に作用することから，動悸，発汗，下痢，めまいなどの副作用があり，また，保険適用の点から使用が上記疾患に限られている．そこで，筆者らは味覚刺激による唾液分泌反射に着目した．唾液分泌反射は酸味刺激で強く生じることが知られている．しかしながら，唾液分泌低下により乾燥した口腔粘膜では粘膜炎が生じていることが多く，酸刺激は粘膜痛を引き起こすことがある．では，うま味刺激はどうであろうか．うま味刺激による唾液分泌反射については，川村ら[6]が1980年代に報告している．最近では，Hodsonら[7]が味覚刺激の中でうま味刺激は最も唾液分泌を促進することを報告している．早川ら[8]は，味覚刺激後の総唾液分泌量の経時変化を調べ，酸味刺激が一過性の唾液分泌促進を促すのに対して，うま味刺激は持続性の唾液分泌を促すことを明らかにしている．筆者らは臨床応用として，うま味刺激による小唾液腺の唾液分泌変化に着目した．小唾液腺の分泌量は全体（総唾液）の10％程度であるが，小唾液腺は歯肉を除く口腔粘膜すべ

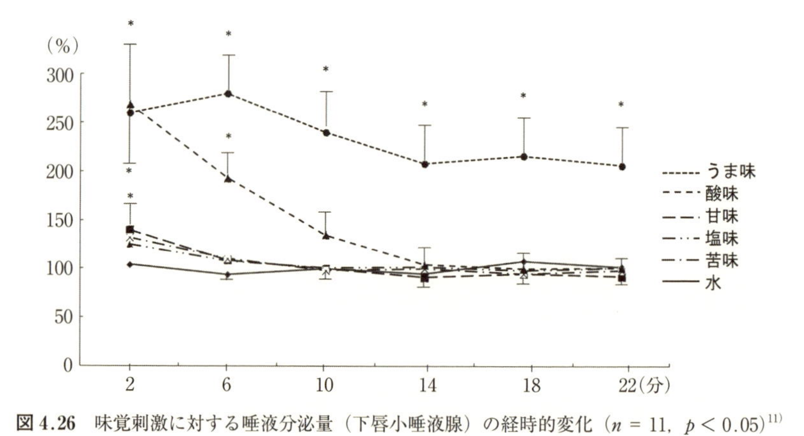


図 4.26　味覚刺激に対する唾液分泌量（下唇小唾液腺）の経時的変化（$n = 11$，$p < 0.05$）[11]

てに広く分布し，粘膜の保湿や保護に重要な役割を果たしているからである．とくに小唾液腺の一つであるエブネル腺は，舌の有郭乳頭や葉状乳頭の味蕾の周囲に分布し，味物質の味蕾への到達，洗浄に関与しており，味覚との関連が知られている．図 4.26 に示すように，小唾液腺の唾液分泌も味覚刺激によって増加し，その増加パターンは総唾液と同様に，うま味刺激では持続性であった[9]．これらの研究結果から，“うま味”による味覚-唾液分泌反射を応用した唾液分泌促進は安心で安全な味覚障害の治療法として有効と考えた．

### 4.5.4 “だし”を活用したドライマウスと味覚障害の治療

ドライマウスは，唾液分泌量が減って口の中が渇いた状態である．唾液が減ると，口の中がネバネバ，ベタベタした不快な状態となり，口腔粘膜がヒリヒリ痛む，話しづらい，食べ物を飲み込めない，口臭などの症状が発現し（図 4.27），高齢者では誤嚥性肺炎，インフルエンザ，上気道疾患の要因になり，生命予後にも関わることがある．すでに詳しく述べたように，うま味を用いた味覚刺激によって唾液を分泌させることができる．さらに，うま味刺激はドライマウスに起因する味覚障害を改善する可能性がある．筆者らは臨床の現場で，うま味の成分であるだしを活用してドライマウスの治療を行っている．ここでは，臨床研究の一部を紹介する．

ドライマウスを訴えて受診した 20 ～ 89 歳の患者 20 名（平均年齢 61.9 ± 22.3 歳）を対象とした．だしとして昆布煮出し液を用いた．昆布煮出し液の使用方法

**図 4.27**　ドライマウスの症状

は，患者自身に市販の乾燥昆布を煮だしてもらい，さました煮だし液を，1日に5～6回，口の乾きを感じた時に，昆布のうま味を十分に味わった後に含嗽または飲用させた．その結果を以下に記す[10]．

①使用後，口の渇きは，とても良くなった15%，少し良くなった65%，変わらない20%であり，8割に改善が認められた．

②効果が得られるまでの時期は，2週間後が33%で1か月後が67%であった．

③昆布煮だし液の味について，好きな味が最も多く81%，次いで美味しいが19%であった．なお，まずい，嫌な味と答えた者はいなかった．

④昆布煮だし液の使用によって改善した症状として，口の中の荒れが改善した，話がしやすくなった，食べ物が飲みこみやすくなった，食べ物がのどにつまることがなくなった，夜間の口の乾きが楽になった，味覚が戻ったなどドライマウスに附随する様々な症状の改善が見られた．

以上述べたように，身近にある昆布煮だし液のうま味を応用することによって，薬に頼らない安心で安全な方法でドライマウスを改善できることがわかった[11]．最近，この研究はイギリスBBCニュースをはじめ，世界11か国，83のメディアに一斉に報道されている[12]．2016年にはNatureにも掲載された[13]．

## おわりに

“うま味”は味覚および内臓感覚を介して，摂食調節，食物の消化・吸収・代謝調節に影響を与えており，全身の健康に深く関わっていると考えられる．医療，介護など，様々な分野で“うま味”が活用され健康長寿に役立つことを期待したい．

**[笹野高嗣・佐藤しづ子]**

## 文　献

1) S. Satoh-Kuriwada, N. Shoji et al. (2009). Hyposalivation strongly influences hypogeusia in the elderly. *Journal of Health Science*, **55**：689-698.

2) 佐藤しづ子，金田直人ほか（2013）．高齢者における味覚異常感が食品摂取，食欲および体調に及ぼす影響—口腔疾患との関連．日本口腔診断学雑誌，**26**，280-288.

3) 笹野高嗣 監修，佐藤しづ子（2014）．高齢者の味覚障害に歯科医院を役立てよう！，学建書院.

4) R. Matsuo, T. Yamamoto (1990). Taste nerve responses during licking behavior in rats: importance of saliva in responses to sweeteners. *Neurosci Lett*, **108**：121-126.

5) L. R. Wiseman, D. Faulds (1995). Oral pilocarpine: a review of its pharmacological properties and

clinical potential in xerostomia. *Drugs*, **49**(1)：143-155.

6)　川村洋二郎，山本　隆ほか（1980）．各種呈味増強物質による味覚—唾液分泌反射に関する研究．大阪大学歯学雑誌，**25**：179-185.

7)　N. A. Hodson, R. W. Linden (2006). The effect of monosodium glutamate on parotid salivary flow in comparison to the response to representatives of the other four basic tastes. *Physiol Behav*, **89**：711-717.

8)　早川有紀，河合美佐子ほか（2008）．うま味刺激による唾液分泌促進測定．日本味と匂学会誌，**15**：367-370.

9)　T. Sasano, S. Satoh-Kuriwada et al. (2014). Important role of umami taste sensitivity in oral and overall health. *Current Pharmaceutical Design*, **20**：2750-2754.

10)　佐藤しづ子，庄司憲明ほか（2014）．うま味刺激による新たなドライマウス治療の試み．日本味と匂学会誌，**21**：377-378.

11)　T. Sasano, S. Satoh-Kuriwada et al. (2015). The important role of umami taste in oral and overall health. *Flavour*, **4**：10. doi: 10.1186/2044-7248-4-10.

12)　http://www.bbc.com/news/health-30952637.

13)　T. Sasano (2016). Umami：Why is the fifth taste so important? *NATURE*, **534** (7606).

# 5 だしの生理学

## 5.1 昆布だしの生理機能

昆布は『続日本紀』に大和朝廷への貢納品として初めて日本の文献に登場する．平安時代中期に制定された律令の施行細則である『延喜式』にも昆布に関する記述がある．陸奥国では昆布は特産品税の指定品目となっており，神饌（神前に供える酒食）や天皇の食膳に出されたと想像され，当時は大変貴重な品物であった．そしてその後，昆布は精進料理と一緒により広く使われるようになった．戦国時代以降になると昆布は食用のみならず縁起物としても重宝されるようになり，現代でも結納品やおせち料理に昆布が縁起物とされている．また，昆布だしが文献に現れるのは江戸時代以降だが，それ以前から様々な調理法が生み出されていた．時代とともに昆布の利用は進化していき，昆布そのものを食べるだけでなく，煮出してそのうま味を引き出した“だし”として料理に使用されるようになる．なかでも江戸時代には，だしは多くの料理に用いられ，日本の食文化の一つとして発展し，現在の日本食（和食）のもとを形作ってきた．

昆布だしの活用について1643年に刊行された江戸時代初期の代表的な料理書『料理物語』中に，昆布が精進のだしとして使用することが記述されている．そして，その後の『料理塩梅集』（1668年）の中には，鱈のすまし汁の調理法において「水一升に鰹節一本，昆布二枚ほど入れ」とあり，だしとして昆布と鰹の合せだしが使用されるようになる．この頃に，鰹節だしと昆布だしの相乗効果が認知され始めたと考えられる．江戸時代，蝦夷地の開発と，それに伴う昆布の生産増加により，酒田から下関，大坂を経由して江戸へ向かう西回り航路が確立され，北前船の航路が延びた．それにより蝦夷地から昆布をはじめとする海産物を大量に京都・大坂・江戸へ運ぶ，いわゆるコンブロードが誕生する．コンブロードによる昆布の大量輸送の確立は昆布の消費地も江戸や九州，琉球にまで広がり，昆布だしを利用する地域の拡大をもたらした．そしてその後，関東では主に鰹節ベースのだしが使われ，関西では主に昆布ベースのだしが使われるようになる．関東と関西におけるだしの違いがみられる理由として，水質の影響が考えられている．硬度が低い関西の水（軟水）は昆布だしを引き出すのに適しているが，硬度が高い関東の水（硬水）は関西に比べ昆布だしが出にくいためである．この水質の違いによる昆布成分の溶出の差は，後述するように昆布だしの機能を考えていく上でも重要になってくる．

なぜ，昆布をだしとして使用する食文化が発達してきたのであろうか？ それはもちろん，昆布だしを用いて料理を作ると，よりおいしいと感じることができたからである．この「よりおいしい」をもたらす本質は，日本に西洋の近代科学が本格的に導入された明治以降，日本人が中心となり，科学的に解明されてきた．昆布だし中に見出された新しい味覚物質（うま味物質）であるグルタミン酸塩の発見とその栄養・生理機能の解明である．女子大生を対象とした，昆布をはじめとする海藻類に対する健康イメージ調査結果を図 5.1 と図 5.2 に示す[1]．本調査では驚いたことに，女子学生の 9 割以上が海藻類に何かしらの健康に良いというイメージを持っていることがわかる．その中で①美容効果，②便秘解消，③肥満予防の割合が大きい．本章では昆布の抽出液，すなわち，昆布だしの摂取がどのような機能を生体で発揮する可能性があるのかを科学的に考察する．

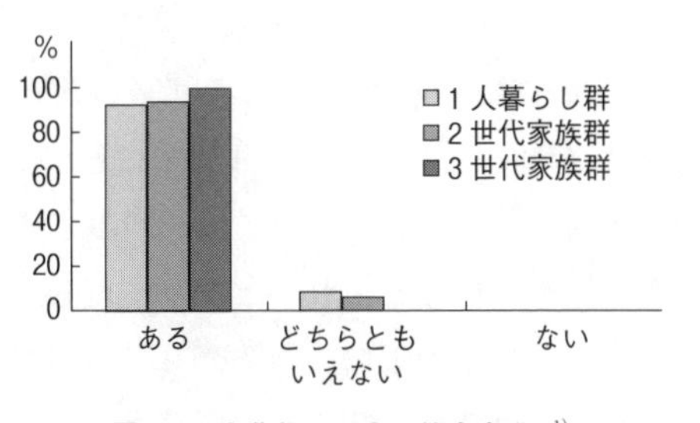


**図 5.1**　海藻類に関する健康意識 1[1)]

質問内容：海藻類は健康に効果があると思うか．
健康な女子大生 93 名（1 人暮らし群：12 名，2 世代家族群：51 名，3 世代家族群：30 名）を対象に調査を実施した．

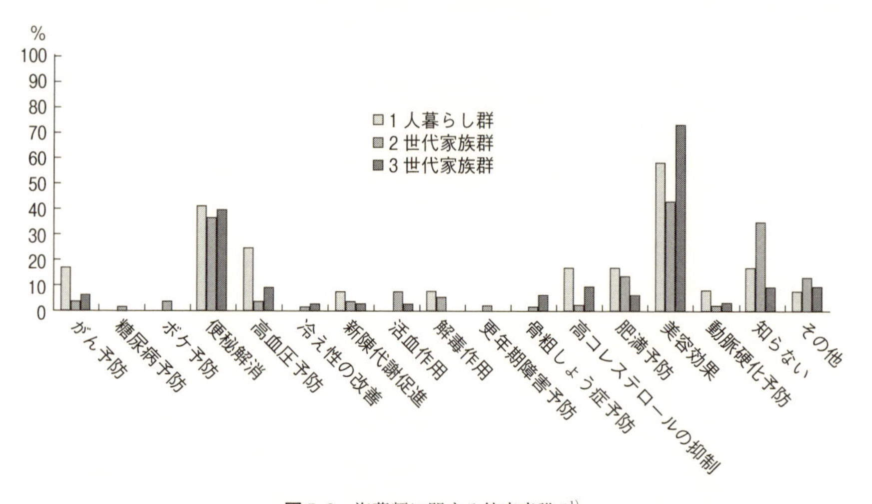


**図 5.2**　海藻類に関する健康意識 2[1)]

質問内容は複数回答可で，海藻類の摂取で予防，改善および向上効果があると思う疾病と症状を回答．健康な女子大生 93 名（1 人暮らし群：12 名　2 世代家族群：51 名　3 世代家族群：30 名）を対象に調査を実施した．

### 5.1.1　昆布だしの生理活性物質とその生理機能

文部科学省から出ている『日本食品標準成分表』に記載されている昆布および昆布だしの栄養成分値を表 5.1 に示した[2)]．このように昆布はミネラルをはじめとする多くの栄養素を含んでいることがわかる．以下に昆布だしのもととなる昆布の代表的な生理活性物質の機能について概説する．

#### a.　ミネラル類

ミネラルは，タンパク質，脂質，炭水化物，ビタミンと並ぶ五大栄養素の一つに位置づけられる非常に重要な栄養素である．特に重要なミネラルは必須ミネラルと呼ばれ，主要必須ミネラルである「カルシウム，リン，カリウム，イオウ，ナトリウム，塩素，マグネシウム」の 7 種類と，微量元素である「鉄，亜鉛，銅，ヨウ素，セレン，マンガン，モリブデン，クロム，コバルト」の 9 種類の計 16 種が存在する．ミネラルは，体液浸透圧維持や様々な身体の機能調節に欠かせない栄養素である．しかも，マクロ栄養素と異なり，決して体内で生成することができず，食物から摂取する必要がある．

カルシウムはリン，マグネシウムとともに骨形成や，筋肉運動の調節に必須で

**表5.1** 昆布の栄養組成（文献[2]を改変）

| 食品名 | 水分 | タンパク質 | | 脂質 | | | | | | 炭水化物 | |
|---|---|---|---|---|---|---|---|---|---|---|---|
| | | タンパク質 | アミノ酸組成によるタンパク質換算 | 脂質 | トリアシルグリセロール | 飽和 | 一価不飽和 | 多価不飽和 | コレステロール | 炭水化物 | 利用可能炭水化物 |
| | g | g | g | g | g | g | g | g | mg | g | g |
| 真昆布（素干し） | 9.5 | 8.2 | 6.6 | 1.2 | 0.9 | 0.31 | 0.27 | 0.28 | 0 | 61.5 | − |
| 長昆布 | 10 | 8.3 | 6.7 | 1.5 | 1.1 | 0.39 | 0.34 | 0.35 | 0 | 58.5 | − |
| 昆布だし | 98.5 | 0.1 | − | − | − | − | − | − | − | 0.9 | − |
| 推定移行率（%） | | 40.4 | | | | | | | | 50 | |

| 食品名 | ビタミン | | | | | | | | | | |
|---|---|---|---|---|---|---|---|---|---|---|---|
| | ビタミンA | | | | | | D | E | | | |
| | レチノール | カロテン | | βクリプトキサンチン | βカロテン当量 | レチノール活性当量 | | トコフェノール | | | |
| | | α | β | | | | | α | β | γ | δ |
| | μg | μg | μg | μg | μg | μg | μg | mg | mg | mg | mg |
| 真昆布（素干し） | 0 | 0 | 1100 | 41 | 1100 | 95 | 0 | 0.9 | 0 | 0 | 0 |
| 長昆布 | 0 | 0 | 780 | 0 | 780 | 65 | 0 | 0.3 | 0 | 0 | 0 |
| 昆布だし | 0 | 0 | 0 | 0 | 0 | 0 | − | 0 | 0 | 0 | 0 |
| 推定移行率（%） | | | 0 | 0 | 0 | 0 | | 0 | | | |

ある．カリウムは細胞膜の機能維持に必須であり，腎臓ではナトリウム排泄を促し，血圧を正常に保つ作用がある．また，鉄は造血機能，亜鉛は消化管粘膜や味覚機能の維持に重要である．昆布に含まれるカリウムは大豆の約2.7倍．カルシウムは，牛乳の約6.0倍と言われている．

昆布に最も特徴的なミネラル成分はヨウ素（ヨード）である．ヨウ素は甲状腺ホルモンのチロキシンとトリヨードチロニンをつくる材料であり，交感神経を刺激することで基礎代謝を高め，特に子どもにとっては，他の微量元素と同様に正常な発育に必要な微量元素とされる．ヨウ素は不足するとだるさを感じたり疲れやすくなったりという影響が現れ，ヨウ素の欠乏症または過剰摂取によって，甲状腺腫などの影響が現れることが知られている．

ヨウ素は欠乏しやすい代表的な微量元素の一つであり，ヨウ素の1日の必要摂取量は150 μg，許容上限摂取量は3 mgである．昆布のヨウ素含有量は，非常に高く，数gの乾燥昆布を食べるだけで，許容上限を超える可能性があるので注意が必要である（例えば，1食分（4 cm角1 g）で1590 μgを摂取すると言われて

| 食物繊維 | | | 灰分 | 無機質 | | | | | | | | | | | | |
|---|---|---|---|---|---|---|---|---|---|---|---|---|---|---|---|---|
| 水溶性 | 不溶性 | 総量 | | ナトリウム | カリウム | カルシウム | マグネシウム | リン | 鉄 | 亜鉛 | 銅 | マンガン | ヨウ素 | セレン | クロム | モリブデン |
| g | g | g | g | mg | mg | mg | mg | mg | mg | mg | mg | mg | μg | μg | μg | μg |
| – | – | 27.1 | 19.6 | 2800 | 6100 | 710 | 510 | 200 | 3.9 | 0.8 | 0.13 | 0.25 | 200000 | 2 | 11 | 12 |
| – | – | 36.8 | 21.7 | 3000 | 5200 | 430 | 700 | 320 | 3 | 0.9 | 0.19 | 0.41 | 210000 | 2 | 5 | 15 |
| – | – | – | 0.5 | 61 | 140 | 3 | 4 | 6 | Tr | Tr | Tr | 0.01 | 5400 | 0 | 0 | 0 |
| | | | 80.7 | 70.1 | 82.6 | 17.5 | 22 | 76.9 | | | | 101 | 87.80488 | 0 | 0 | 0 |

| K | B1 | B2 | ナイアシン | B6 | B12 | 葉酸 | パントテン酸 | ビオチン | C | 食塩相当量 |
|---|---|---|---|---|---|---|---|---|---|---|
| mg | mg | mg | mg | mg | μg | μg | mg | mg | gm | g |
| 90 | 0.48 | 0.37 | 1.4 | 0.03 | | 260 | 0.21 | 9.6 | 25 | 7.1 |
| 240 | 0.19 | 0.41 | 2.1 | 0.02 | 0.1 | 38 | 0.2 | 15.7 | 20 | 7.6 |
| 0 | Tr | Tr | Tr | 0 | 0 | 2 | 0 | 0.1 | Tr | 0.2 |
| 0 | | | | 0 | 0 | 44.7 | 0 | 26.4 | | 90.7 |

いる）．古代中国で乾燥昆布を薬として琉球王国から輸入していたのは，内陸部で不足するヨウ素を補うためと考えられている．

### b. 食物繊維類

昆布はセルロース，アルギン酸，フコダイン，ラミナランなどの食物繊維を豊富に含む．これらの食物繊維には一様に下記の二つの作用を有すると言われる．

#### 1) 物理・生化学的作用

保水性，粘性，吸着性（金属イオンなど）の物理・生化学的作用は加工・調理手法によりある程度操作可能であるため，多くの食品加工において利用されている．腸内でのこれらの物理・生化学的作用は，蠕動運動の賦活化や弁性状の改善をもたらすと期待されている．また，医療分野においては，昆布茎の保水性に起因する膨潤作用を活用した子宮頸部の開口医療器材として産婦人科領域で用いられることがある（ラミナリア桿）．ラミナリア桿はバルーンを挿入した場合と同じく，子宮頸管の接触面を外に向かってゆっくり圧迫し，子宮頸管が拡張することで，分娩誘発を引き起こす．

### 2) 生物作用

食物繊維は上部消化管で消化吸収を受けないため，大腸内で腸内細菌の栄養源に影響することが知られている．そのため，腸内細菌叢に対しても影響を与える．腸内細菌の代謝で生成される短鎖脂肪酸，ビタミン，ガス（二酸化炭素やアンモニア）の一部は体内に吸収される．このように，食物繊維は，腸内細菌に働きかけて，腸内細菌の活動およびその生成物を介した生体へ及ぼす生物作用を持つ．

昆布の成分の 30 ～ 40%は水溶性食物繊維（粘質多糖類）であり，アルギン酸やフコダインは昆布のヌルヌル成分として，その機能性が注目されている．

① フコイダン：フコダインには様々な生理作用があることが既にわかっている[3]．例えば，フコイダンは摂取された食物の胃から小腸への移動を遅くする（胃排出遅延）ことが知られている．この胃排出遅延は，緩やかな食後血糖の推移や満腹感の誘発につながると考えられている．水溶性食物繊維フコイダンは胃粘膜の保護や，腸内の善玉菌を増やし，蠕動運動を活性化させて排便を促進させ，便秘の予防にも役立つ．胃がん・胃潰瘍の原因といわれるピロリ菌は，胃壁の弱っている部分に付着し，炎症や胃潰瘍を起こすが，このピロリ菌が胃壁に付着するのをフコイダンの硫酸基が防ぐことも知られている．さらに，フコダインは他の食物繊維成分で報告されているように腸内において粘膜免疫機能（ナチュラルキラー NK 細胞）を刺激し，全身の免疫細胞の防御力を高める可能性が動物研究で示されている．

② アルギン酸：フコダインと異なり，アルギン酸は比較的抽出が容易なため，食品だけでなく工業用途を目的として古くから産業に応用されている．昆布に含まれる水溶性食物繊維アルギン酸は，カリウムなどのミネラルと共存している．アルギン酸は，1883 年に海藻 algae より抽出された酸性物質で，D-マンヌロン酸（M）と L-グルロン酸（G）からなるヘテロポリマーである．アルギン酸およびその塩（ナトリウム，カリウム，カルシウム，アンモニウム塩）は ADI を「特定しない（not specified)」食品添加物として JECFA（FAO/WHO Joint Expert Committee on Food Additives）および日本の食品安全員会においても認められており，ゲル化剤などとして多くの食品で使用されている．カリウム・ナトリウム塩は水に溶解するが，カルシウム塩は，ゲル状の物質となり，水に溶解しないことが知られている．人工イクラの膜は，アルギン酸とカルシウムイオンのゲル

被膜を用いたマイクロカプセルである．

アルギン酸塩および低分子アルギン酸塩摂取は高脂血症や高血圧を予防する可能性を示唆するいくつかの動物研究が存在するようである．例えば，辻らはアルギン酸のカルシウム塩を摂取させた高血圧自然発症ラットは，1%食塩負荷にもかかわらず血圧を上昇させなかったと報告している[4]．ヒトにおいても，アルギン酸は食後高血糖の是正，脂質の吸収抑制の可能性が示唆されているが[5]，確かなエビデンスまでには至っていない．また，アルギン酸ナトリウムは，食道・胃粘膜の保護作用および止血作用があることが動物・ヒト試験で確認されており，胃・十二指腸潰瘍およびびらん性胃炎における止血および自覚症状の改善ならびに逆流性食道炎における自覚症状の改善用の医薬品として現在使用されている[6]

### c. 脂質類

昆布には脂質が含まれる．最も多いのが飽和脂肪酸であるパルミチン酸であるが，$n$-3系多価不飽和脂肪酸（エイコサペンタエン酸）と$n$-6系多価値不飽和脂肪酸（アラキドン酸）の両方がバランスよく含まれる特徴がある．しかしながら，これらの脂質含量は乾燥昆布で1%前後と低く，脂質類の健康機能は大きく期待できそうにない．

### d. タンパク質・アミノ酸類

昆布はうま味物質である遊離のグルタミン酸を豊富に含む[7]．前述の昆布のタンパク質（アミノ酸）の多くがうま味を呈する二つのアミノ酸，すなわち，グルタミン酸とアスパラギン酸に由来している（表5.2）．遊離アミノ酸は水溶性低分

**表5.2** 昆布のアミノ酸組成（文献[7]を改変）

| 食品名 | イソロイシン | ロイシン | リジン | 含硫アミノ酸 | | 芳香族アミノ酸 | | スレオニン | トリプトファン |
|---|---|---|---|---|---|---|---|---|---|
| | | | | メチオニン | シスチン | フェニルアラニン | チロシン | | |
| 真昆布（遊離アミノ酸＋タンパク質） | 280 | 520 | 360 | 140 | 180 | 320 | 160 | 350 | 94 |
| 真昆布（遊離アミノ酸） | 4.33 | 4 | 4.33 | 2 | – | 3 | 5 | 3.33 | 5 |

| 食品名 | バリン | ヒスチジン | アルギニン | アラニン | アスパラギン酸 | グルタミン酸 | グリシン | プロリン | セリン |
|---|---|---|---|---|---|---|---|---|---|
| 真昆布（遊離アミノ酸＋タンパク質） | 390 | 140 | 270 | 580 | 1000 | 1700 | 400 | 420 | 310 |
| 真昆布（遊離アミノ酸） | 6.67 | 0.33 | 4.67 | 52 | 823.3 | 1608 | 4 | 49 | 10.7 |

子であるので溶出しやすく，基本的には昆布だしはこれらのアミノ酸を含んでいる[8]．昆布だし中に見出される最も多いアミノ酸であるグルタミン酸の生理機能に関してはすでに4章で紹介しているので，そちらを参照していただきたい．遊離グルタミン酸には，味覚（うま味）誘発を介した嗜好調節や体内での様々な生理作用が期待されている．

### 5.1.2　昆布摂取の作用から推定される昆布だしの生理機能

上で述べたように乾燥した昆布そのものはミネラル，微量元素，食物繊維が豊富である．ここでは，昆布の水浸抽出液（いわゆる，昆布だし）の健康価値について考えていく．冒頭で述べた通り，だしは特定の素材を煮たり，水に浸したりして素材成分を抽出したものであり，だしの成分含量は用いる水質や抽出時間・温度の影響を強く受ける．昆布だしも同様で，これらの抽出操作に関して検討した多くの文献が存在する．報告にはばらつきがみられるものの，概して，①うま味成分であるグルタミン酸やその他の遊離アミノ酸は抽出温度の影響は少なく，抽出時間が重要である，②ミネラルや微量元素，水溶性食物繊維などは抽出温度・時間の影響を受けやすい，③個々の成分溶出は用いる水の性質（軟水か硬水）により影響を受け，軟水を用いるほうが“だし”としての呈味特性は向上する，④食物繊維（水溶性，非水溶性）の溶出は抽出温度に強い影響を受けるが，抽出できるのはごく一部である，などである[8]．したがって日本では，水道水を用いる限り，昆布だしは身近な水を用いてある程度時間をかけて水出しすれば十分である．まさに，江戸から現代まで続く最も一般的な昆布だしの取り方と一致する．健康を意識してアルギン酸やフコダインなどの食物繊維の機能を期待したい場合は，だしではなく，だしを取り終えた後の昆布により多く含まれているので，そちらを食べた方がよい．以下では，昆布だし摂取で期待される健康機能の科学的根拠の現状を紹介する．

#### a.　減　塩

主たる呈味成分であるグルタミン酸の塩や鰹と昆布の合せだしを用いた減塩食品の嗜好向上に関する報告は，多数存在している[9-11]．しかしながら，昆布だしそのものの減塩への寄与に関する学術報告はほとんど見当たらない．料理に携わる多くの人が実感するであろう，減塩食を昆布だしでおいしくできる，という実感を客観的に科学していく必要性を感じる．

### b.　嗜好・食欲向上

昆布だしは和食の基本だしの一つであり，和食の風味向上による食嗜好，食欲増進に寄与していることは我々の実体験でも明確な事実であるが，それを科学的に検証した研究は非常に少ない．昆布だしの主たる呈味成分であるグルタミン酸塩では，嗜好向上に関する研究は多数存在している[12,13]．さらに，グルタミン酸塩のこれらの嗜好・食欲向上作用を利用して入院患者の栄養管理におけるうま味調味料の活用が提案されている[14]．

### c.　口腔機能の維持

口腔ケアの医療分野における昆布だしの活用が提案されている．これまで見てきたように，昆布だしの水溶性食物繊維の保水特性やグルタミン酸塩の生理作用に由来する化学感覚である“うま味”の唾液分泌機能は，口腔機能の機能維持に有用である．唾液は食物中の味成分を溶出させ，食物の味をより引き出すだけでなく，食物の咀嚼・嚥下を助ける．また，味覚や口腔粘膜の維持に必要な生理活性物質（粘膜上皮成長因子や抗菌物質など）を含んでいる．急性期病院の看護師の仕事の一つに，脳卒中患者の口腔ケアがある．看護師は口腔乾燥による口腔環境の悪化，口腔内細菌の増殖と誤嚥性肺炎リスク低減のため，数時間間隔で口腔ケア（口腔湿潤の保持）を行う必要があり，昼夜を問わず，数時間おきに人工唾液の口腔内散布を行う．昆布だしの口腔内散布は口腔粘膜の保湿に有効であることが確認され，新たな口腔ケアの手法が検討されている[15,16]．さらに，高齢者の味覚障害患者では，昆布だしを日常的に服用することで，唾液分泌を促進し，味覚障害の治療につながる可能性も示されている[17]．

## おわりに

以上，昆布および昆布だしの機能について概説した．昆布をはじめとする海藻の機能の詳細について知りたい方は成書[18]をお勧めする．本節を執筆するにあたり，和食のエッセンスである“昆布だし”の機能について，改めて近年の学術論文を調べてみた．意外にも，和食がUNESCO無形文化遺産に登録され，和食のエッセンス“だしの健康価値”が世界から注目される中，最も基本的な昆布だしそのものの健康価値を科学的に検証した医学論文は非常に少ない．日本人の歴史の中で昆布だしは淘汰に打ち勝ち，日本の食文化として定着してきた．淘汰の裏には生存メリットがある．それは何かしら，昆布だし摂取に健康的な意義があるためであろう．昆布だし摂取の生理的意義を科学的に解明していくことは，健康な食事のあり方を理解していく上で大切なヒントを与えるものと思われる．

［畝山寿之］

## 文　　献


1) 小出あつみ，松本貴志子（2011）．家族構成が女子学生の食習慣と海草類に関する摂取状況および健康効果意識に及ぼす影響．名古屋女子大学紀要，57（家・自）：11-18.
2) 日本食品標準成分表2015年度版（七訂）（2015）．文部科学省科学技術・学術審議会資源調査分科会報告，p. 196（昆布だし），p. 114（昆布類）.
3) 山田信夫（2006）．海藻フコイダンの科学，南山堂書店.
4) 辻　啓介，辻　悦子ほか（1988）．食物繊維のナトリウム吸着能が高血圧自然発症ラットの血圧に及ぼす影響．日本家政学会誌，**39**(3)：187-195.
5) 澤邊昭義，福田　靖ほか（2013）．成人男性を対象とした，アルギン酸カルシウム含有食品の単回摂取による食後の血中中性脂肪値および血糖値におよぼす影響．食生活研究，**33**(2)：41-46.
6) アルロイドG内容液5%医薬品インタビューフォーム（日本標準商品分類番号872329），2015.
7) 日本食品標準成分表2015年度版（七訂）（2015）．アミノ酸成分表編，文部科学省科学技術・学術審議会資源調査分科会報告，藻類，p. 114.
8) 畑江敬子，脇田美佳ほか（1994）．こんぶだし成分の抽出量と抽出時間および温度との関係．日本食品工業学会誌，**41**(11)：755-762.
9) S. Yamaguchi (1987). Umami：A Basic (Y. Kawamura, M. R. Kare), Marcel Dekker, p. 41.
10) 石田眞弓，手塚宏幸ほか（2011）．うま味を利用した減塩料理の提案とその官能評価．日本栄養・食糧学会誌，**64**(5)：305-311.
11) 河野一世（2012）．だしに学ぶ―日本人の食嗜好と健康効果．日本食生活学会誌，**23**(3)：131-136.
12) S. Yamaguchi, K. Ninomiya (2000). Umami and food palatability. *J Nutr* Apr, **130** (4S Suppl)：921S-6S.
13) 巴　美樹，外山健二（2011）．うま味調味料添加による料理への嗜好性の増強効果．日本栄養・食糧学会誌，**64**(3)：151-157.
14) S. Yamamoto, M. Tomoe et al. (2009). Can dietary supplementation of monosodium glutamate improve the health of the elderly? *Am J Clin Nutr*, **90**：844S-849S.
15) 村上啓子，佐古　恵ほか（2010）．唾液分泌を促す口腔内洗浄液の選択―レモングリセリン水と昆布水の比較．日本看護学会論文集看護総合，**41**：150-152.
16) 佐藤しづ子，笹野高嗣（2015）．味覚唾液反射を応用した新たな口腔乾燥治療．YAKUGAKU ZASSHI，**135**(6)：783-787.
17) 柳井聡美，神尾優子ほか（2014）．化学療法による味覚障害の軽減：昆布による唾液促進作用を利用した食欲増進の援助．中国四国地区国立病院機構・国立療養所看護研究学会誌，**10**：228-231.
18) 山田信夫（2013）．新訂増補版 海藻利用の科学，南山堂.

## 5.2　鰹だしの生理学

鰹節は昆布とともに，和食のだし素材として古くから用いられてきた日本の伝統食材である．鰹だしは，うま味の調味料としてのみならず，その独特の風味や香りからおいしさのベースとして日本料理全般に用いられてきた．鰹だしはまた，古くから滋養強壮や疲労回復を目的に食されてきたといわれており，現在でもその習慣が沖縄や鹿児島で見られる．鰹には何らかの疲労回復成分が含まれると考えられてきた．最近の研究により，鰹だしの健康機能—特に疲労に対する効果についての科学的検証が進められ，その効果が科学的に証明されてきた．一方，1977年のマクガバンレポートで報告されている理想の食事が和食に近いことから，“鰹だし”の生理機能がカロリーの過剰摂取抑制に関わっている可能性が考えられ，だしの重要性が再確認される結果が得られている．また，鰹だしの効果をさらに探るため種々の検討が行われ，満腹感・情動・嗜好性の変化などにも関与することも明らかとなってきた．本節では，それらの事例を紹介する．

### 5.2.1　鰹だしの成分組成[1)]

鰹だしは昆布だしとともに，古くから和食のだしとして用いられてきたが，昆布だしがグルタミン酸のうま味を主に抽出したものであるのに対し，鰹だしは，種々の成分が含まれており，日本料理の特徴となる独特の風味や香りを有している（表5.3）．鰹だし中のうま味物質はイノシン酸であるが，それ以外にも，酸味成分である乳酸，苦味成分であるヒスチジン，アンセリン，カルノシンなどのアミノ酸やクレアチニンが含まれている．また，香気成分としてはアンモニア，ピリジン，2-メチルフラン，グアイアコール，フェノール，シクロペンタンなど400以上の成分が検出されており，独特の味と香りを与えている．以下に示すように鰹だしには種々の生理機能があることが明らかとなっているが，その機能は単一成分によるだけでなく，複数の成分の組み合わせ，あるいはその香気成分が重要である可能性が考えられる．

表5.3 鰹だしに含まれる種々の成分組成（鰹だし 100 g あたりの mg 数）[1]

| 鰹だし中の遊離アミノ酸含量 | | | | 鰹だし中のその他物質の含量 | | | |
|---|---|---|---|---|---|---|---|
| Tau | 32 | Val | 16 | AMP | 52 | Glucose | 6 |
| Gly | 26 | Ile | 8 | IMP | 474 | Formic acid | 13 |
| Ala | 50 | Tyr | 20 | Inosine | 186 | Acetic Acid | 52 |
| His | 1992 | Phe | 15 | Hypoxantine | 12 | Propionic Acid | 3 |
| Asp | 2 | Trp | 4 | TMA** | 19 | Succinic Acid | 96 |
| Glu | 23 | Orn | 5 | TMAO*** | 5 | Lactic Acid | 3415 |
| Leu | 25 | Arg | 5 | Creatine | 540 | $Na^+$ | 434 |
| Lys | 29 | Cysthi* | 26 | Creatinine | 1150 | $K^+$ | 688 |
| Met | 17 | $\beta$-Ala | 1 | Glycarol | 17 | $Ca2^+$ | 39 |
| Thr | 11 | $\pi$-MeHis | 1 | Arabinose | 1 | $Mg2^+$ | 124 |
| Ser | 12 | Anserine | 1250 | Ribose | 2 | $PO43^-$ | 545 |
| Pro | 5 | Carnosine | 107 | Mannose | 5 | $Cl^-$ | 1600 |

* Cysthi：cystathionine, ** TMA：trimethylamine, *** TMAO：trimethylamine oxide.

### 5.2.2 民間にみる健康機能[2]

#### a. 古い文献に見られる効果

鰹は海中を時速 30 ～ 100 km という高速で泳ぐことができ，しかも一生休まず泳ぎ続けるので，「疲れ知らずの魚」と言われている．鰹節は戦国時代には「滋養強壮の素」と考えられ，兵糧食として用いられた．徳川時代の軍学書『武教全書詳解』には，「生気を増して，気力を充実させる」との効用が書かれている．また，江戸時代の薬膳書『本朝食鑑』では「気血を補い，胃腸を整え，筋肉を壮にし，歯牙を固くし，皮膚のきめを密にし」との記述があり，種々の健康機能があると考えられていた．また，1832 年に沖縄で編纂された『御膳本草』という書物においては，「脾胃を調え，身を肥やす」「諸病に用いて益あり」などの記述もある．また，日本のみならず海外の古い書物にも鰹節の効能について記述したものがある．14 世紀のアラビアの旅行家イブン・バトゥータの著書『三大陸周遊記』には，「モルディブ人は，アラビア，インド，シナとの定期的貿易に従事して，これらの国々へ龍涎香（香りを放つクジラの結石で，浜辺に打ち上げられることがある），べっ甲のほか，鰹節，ココナッツ，ヤシのロープ，貝貨を輸出している」とある．鰹節については「鰹節は羊肉のような匂いがし，鰹節とヤシを食べると，無比の強い活力を得る」と記述されている．このように，日本はもちろん海外でも古くから鰹節の健康機能について信じられてきた．

### b. 現代における民間での活用

鰹節には滋養強壮をもたらす何らかの作用があると考えられてきたが，現在でも「体調がすぐれない時，疲れた状態の時に身体を復調させる」食品として活用されている．沖縄には“かつお湯（かちーゆ）”と呼ばれる料理があり，風邪や食欲不振の際に飲む習慣がある．作り方は，中厚削りの鰹節，みそに熱湯を加え，さらに，ネギ，卵を入れるというものである．沖縄では古くから中国との交易を重ねる中で，医食同源の思想の影響を強く受けてきた．この歴史的背景の中で，鰹節の「風邪や食欲不振の時に飲むとよい」という特性が見出され，現在まで伝わってきていると考えられる．

一方，茶節は鹿児島に伝わる料理で，茶碗1杯の鰹節にお茶を入れ，そこに味噌などを混ぜる料理である．かつお湯の熱湯をお茶に変えたものといえる．

## 5.2.3 鰹だしの疲労改善効果

鰹だしの効果について，実験より検証された事例を報告する．

### a. マウスを用いた疲労改善効果

鰹だしの疲労回復効果について，マウスを用いた試験が行われた．マウスを強制歩行運動装置（回転式トレッドミル）中で強制的に歩行運動させ，その後無音箱に入れて60分間の行動回数（自発行動量）を測定した．強制運動させた時間に依存して自発行動量は有意に低下した．自発行動量の低下は肉体の疲労と考えられ，生体のエネルギー源であるATP量（ATP/AMP比）の低下が原因であると考えられる．実施に肝臓中のATP/AMP比を測定すると，非運動群に比べて有意な低下が見られた．この試験において，運動後にマウスに鰹だしを摂取させた群では，強制運動後の自発行動量は非運動群と比較して変化がなかった．また，その肝臓中のATP/AMP比も，対象と比較すると有意に向上し非運動群に近い値であった．したがって，鰹だしの摂取によって体内のエネルギー低下が改善され疲労回復効果があることが見出された．なお，鰹節に含まれるアンセリン・カルノシンといったジペプチドが疲労回復に効果があると報告されているが，この試験ではそれらの摂取による回復効果は見られなかった．疲労回復効果はその他の成分あるいは複数成分の相互作用によるものと考えられる[3]．

上記以外にも，情動行動として攻撃行動の低下，うつ状態になりにくい，などが報告されている．例えば，水とだしをそれぞれに与えたマウスの檻に別のマウスを入れると，水を与えられたマウスはすぐに相手を攻撃したが，鰹だしを与えられたマウスはすぐには攻撃せず，攻撃する時間も短かった[4]

### b. ヒトにおける疲労改善効果

#### 1) 気分・感情状態，特に疲労感の改善効果

鰹だしを継続摂取することにより，日常感じる疲労感が改善されるかを調べた．試験方法は，特に疲労感を自覚している大学職員15名について，2群に分けて一方に鰹節を含む味噌汁を1日2回，2週間摂取してもらい，POMS（profile of mood states）試験を実施した．POMS試験は，気分・感情状態をアンケートで「緊張—不安」「抑うつ—落ち込み」「怒り—敵意」「活気」「疲労」「混乱」の6項目を5段階評価する試験である．活気以外は得点が低いほど状態が良好といえる．試験の結果，鰹節の味噌汁摂取後は，「緊張—不安」「疲労」の項目で有意または有意傾向で低値を示した．また，総合的な感情状態であるTMD（total mood disturbance）も有意傾向で低値を示した（図5.3）．したがって，鰹だしを継続摂取することにより，日常感じる疲労感が改善される可能性が示された[5]．

#### 2) 精神作業負荷時の作業効率に対する効果

日常的に疲労を感じている成人男女48名を2群に分け，一群には鰹だしを毎朝

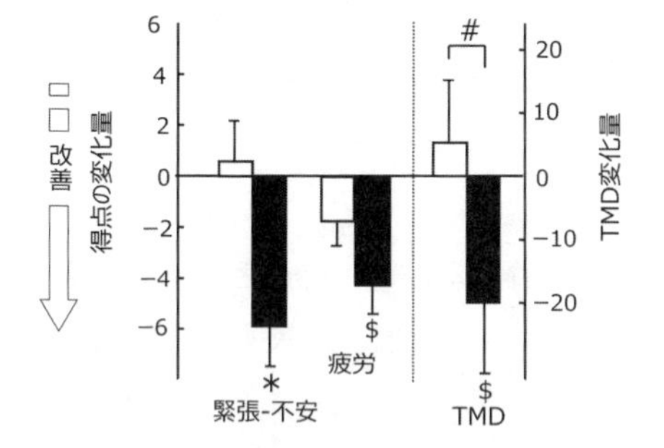


**図5.3** 鰹だしを継続摂取によるPOMS試験結果[5]
鰹節の味噌汁摂取後は，「緊張—不安」「疲労」の項目で有意または有意傾向で低値を示した．また，総合的な感情状態であるTMDも有意傾向で低値を示した．
Mean ± SE　プラセボ群；$n = 8$，鰹だし群；$n = 7$，摂取前に対して差あり．＊：$p < 0.05$，$：$p < 0.1$，群間に有意差あり．#：$p < 0.05$.

4 週間摂取させた．感情状態を測定する方法として POMS 試験を用い，また精神作業負荷として内田-クレペリン試験（一けたの足し算を繰り返し行う単純計算課題）を実施し，作業による疲労の指標として正答数を用いた．POMS 試験では，疲労と TMD（総合的な感情状態）が有意に低値を示した．また，内田-クレペリン試験の正答数は，鰹だしを摂取した際には，摂取前と比較して有意に（約 5%）増加した．これらの結果から鰹だしを継続摂取することにより，精神的な作業負荷時において疲労感が低下し作業効率が向上する可能性が示された[6]．

#### 3)　眼精疲労の改善効果

目の疲れ（眼精疲労）は，VDT（visual display terminals）作業が多い現代における代表的な疲労症状の一つである．鰹だし長期摂取による眼精疲労に対する影響を調べた．眼精疲労症状を自覚している 20 ～ 40 歳の成人男女 24 名を対象として，被験者を 2 群に分け，一方に鰹だしを 4 週間摂取させた．接種期間の前後に VDT 負荷を実施し，負荷前後および休息時前後に眼精疲労を評価した．評価方法は，目の網様体筋の痙攣状態を表す指標である，調節微動高周波成分の出現頻度（high frequency components：HFC）を測定した．VDT 作業は，ディスプレイ上にランダムに配置された数字やアルファベットを一定の規則に従ってクリックしていく作業であり，ATMT（advanced trail making test）と呼ばれる作業である．鰹だしの接種後の HFC 変化量は，非摂取群に比べて有意に低値を示した．また，ATMT 時のエラー仕事量を解析したところ，鰹だし摂取後のエラー仕事量は有意に低値を示した．結論として，鰹だしの継続摂取によって，VDT 作業による眼精疲労が改善すること，また，VDT 作業効率が向上することが示された[7]．

#### 4)　肩こりの改善効果

日本人は男女問わず肩こりに悩まされている．したがって，疲労の改善効果が肩こりの改善にもつながる可能性がある．成人男女 24 名を対象に，鰹だしの摂取と種々の疲労症状（疲労感，不安と緊張，肌荒れ，眼精疲労，肩こり）の関連を調べた試験の結果では，鰹だしを 4 週間毎日摂取した群では，眼精疲労感の改善に加えて，肩こりの自覚症状が有意に軽減していた[8]．

### c.　疲労改善のメカニズム

上記の種々の疲労に対する改善効果が示されているが，そのメカニズムの検討も行われている．末梢血循環は血液と組織間の酸素共有・栄養供給・老廃物の除

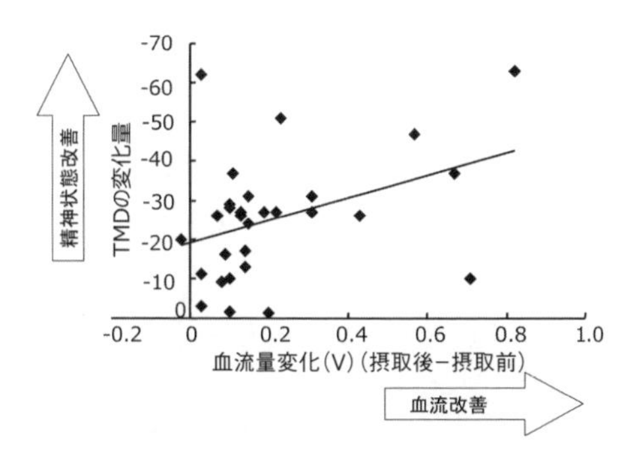


**図 5.4**　鰹だし摂取時の TMD スコアと血流量増加の関係[9]
鰹だしには，種々の成分が含まれており，日本料理の特徴となる独特の風味や香りを有している．POMS の TMD スコア減少と血流量増加には有意な正の相関関係が認められた．

去など血流を維持するのに重要である．末梢血流の滞りが肩こりや眼精疲労を引き起こすと考えられている．女子大学生 29 名を対象として 2 群のうち 1 群にのみ鰹だしを毎日 2 週間摂取させた．摂取の前後で右手甲の表面皮膚血流量を測定した．その結果，鰹だし摂取後の血流量は有意に増加しており，鰹だしの摂取により血流量が増加することが明らかとなった．また，このテスト時に POMS 試験も同時に行ったところ，POMS の総合的な感情評価指標である TMD スコアの減少と血流量の増加には有意な正の相関関係が認められた（図 5.4）．したがって，鰹だしの継続摂取による疲労改善には，血流量の増加が関連している可能性がある．さらに，酸化ストレスの指標である尿中の 8-ヒドロキシ-2'-デオキシグアノシン（8-OHdG）量を測定したところ，鰹だし摂取により有意に減少していた．すなわち，鰹だしには抗酸化作用があることも見出された[9]．

### 5.2.4　鰹だしの高度嗜好性と過剰カロリー摂取抑制[10]

鰹だしは，脂肪や砂糖と同様に，高度嗜好性（やみつき）の行動を起こす．この行動は，水や塩水など他の食べ物では観察されない．したがって，鰹だしへの嗜好性を高めることにより，脂肪や砂糖への嗜好を抑制し，過剰カロリー摂取抑制が期待できる．

#### a.　欧米食におけるカロリー過剰摂取と和食による過剰摂取抑制

欧米を中心として，過剰なカロリー摂取に起因する肥満の問題が深刻である．

1977年には「米国の食事目標」についてのマクガバン報告が公表されたが，その中では，脂肪摂取量を減らし，デンプンなど炭水化物を食べ，砂糖などの精製した糖分を控えることなどが推奨されている．この理想の食事は当時の日本の食事に近かったため，日本食は健康的であるとの考えが広まっていき，現在でも健康を志向する人々には日本食がブームである．

脂肪や砂糖は，大量に摂取するうちに，やみつきになるという高度嗜好性が生じる．高度嗜好性は脳の報酬系と呼ばれる機構を介して形成され，快楽の要素が強い．マウスを用いた実験でも，条件付け位置嗜好性試験と呼ばれるテストで油脂や砂糖に対する高度嗜好性が見られた．日本などアジアの食では，だしのうま味と風味がカロリーに依存しない満足感を提供していると考えられる．そしてマウスを用いた実験により，鰹だしも高度嗜好性を生じさせることが見出された．具体的には，マウスのレバー押し行動を用いたオスペラント実験と呼ばれる方法で，タッチパネルのレバーを何回か押すと対象の食べ物（液体）が1滴飲める条件でマウスを訓練し，レバーを押す必要回数を徐々に高く設定していった場合に，一定時間内にタッチすることができた回数を測定する方法である．そのクリア回数は対象となる食べ物への執着度と関連し，クリアできた回数が高いほど，その食べ物への執着度が高いことになる．砂糖水やコーン油を用いた場合に高い執着度が示されたが，鰹だしを用いた場合にも高度嗜好性が生じた．

したがって，鰹だしが油脂や糖への偏った嗜好性を緩和するための選択肢となることが期待できる．実際に，だしに対する嗜好性を高めたマウスでの実験で，自由摂取で高脂肪食の摂取量が抑制されたという報告がある．

### b.　過剰摂取抑制の要因と和食文化継承の重要性

だしには，うま味と風味の二つがある．うま味は味覚であるが，風味は素材由来の香気成分が中心である．うま味はどのだしにも共通であるが，風味はそれぞれのだしに固有である．鰹だしの高度嗜好性には，その風味（香り）が重要であることが明らかになっている．うま味や味成分だけでは高度嗜好性を与えない．しかし，この味成分に鰹節の香りをつけると，高度嗜好性を与える結果となった[11)]．一方，香りや風味が高度嗜好性を与えるわけではなく，高度嗜好性を与えるものは鰹だし，コンソメ，酵母エキスなどのみであり，昆布，バニラ，メントール，シトラールの香りは高度嗜好性を与えない．したがって，だしの風味で高度嗜好性を得るには，鰹だしが優れていると考えられる．高度嗜好性に関わる鰹だしの風味は，単一の成分ではなく，肉や魚の干物のような素材を彷彿させる複合的なものであると考えられている．

なお，食嗜好の形成には離乳期・幼少期の体験が重要である．マウスを用いた実験においても，離乳完了期以前に鰹だしの香りがついた餌を食べ続けたマウスは，成長してコーン油と鰹だしの選択実験において，対照（鰹だしの香りのない餌を食べたマウス，離乳完了後に鰹だしの香りの餌を食べたマウス）と比較して，鰹だしの味わいを有意に好んだという報告がある[12)]．

## おわりに

以上，鰹だしの生理機能や有用性についての研究事例を紹介してきた．昆布だしの生理機能が主にグルタミン酸に由来しているのに対し，鰹だしの機能は多くの因子の組み合せも重要である可能性がある．それでは，どうしたら鰹だしを有効に活用できるか．鰹だしの風味は，日本人にとっては，誰にも好まれる・安心できる風味である．一方，海外の方には，生臭い，磯臭いと不快に感じられることも多い．実は，成人の嗜好性を形成するには，幼児期の食習慣が大きく影響を与えている．いわゆる「おふくろの味」である．例えば，幼い時に和食を食べる習慣があると，成人になっても和食への関心が高い．したがって，幼児期の食生活において鰹だしに多く触れることにより，成人してからも鰹だしの嗜好が形成されると考えられる．つまり，和食文化を伝承していくことが，そのまま鰹だしへの嗜好性を高め，疲労の改善や脂肪・砂糖に偏向した嗜好抑制を通して健康な食生活が得られると考えられる．

**［外内尚人］**

## 文　　献

1)　福家真也，渡辺勝子ほか（1989）．かつお節のエキス成分．日本食品工業学会誌，**36**：67-70.
2)　熊倉功夫，伏木　亨（2012）．だしとは何か，pp. 233-240，アイ・ケイコーポレーション．
3)　村上仁志（2004）．鰹だしの疲労回復効果．化学と工業，**57**：522-524.
4)　西条寿夫（2013）．農芸化学会2013年度大会ランチョンセミナー講演要旨集．
5)　石崎太一，黒田素央ほか（2006）．鰹だし継続摂取が気分・感情状態，特に疲労感に及ぼす影響．日本食品科学工学会誌，**53**：225-228.
6)　M. Kuroda, T. Ishizaki et al. (2007). Effect of Dried-Bonito Broth on Mental Fatigue and Mental Task Performance in Subjects with a High Fatigue Score. *Physiol & Behav*, **92**：957-962.

7) 本多正史，石崎太一ほか（2006）．鰹節だし継続摂取による眼精疲労改善効果．日本食品科学工学会誌，**53**：443-446.

8) Y. Nozawa, T. Ishizaki et al. (2007). Ingestion of Dried-Bonito Broth Ameliorates Blood Fluidity in Humans. *J Health Science*, **53**：543-551.

9) Y. Nozawa, T. Ishizaki et al. (2008). Effect of Dried-Bonito Broth Intake on Peripheral Blood Flow, Mood, and Oxidative Stress Marker in Humans. *Physiol & Behav*, **93**：267-273.

10) 熊倉功夫，伏木　亨（2012）．だしとは何か，pp. 242-255，アイ・ケイコーポレーション．

11) H. Kawasaki, A. Yamada et al. (2011). Intake of Dried Bonito Broth Flavored with Dextrin Solution Induced Conditioned Place Preference in Mice. *Biosci Bioetchnol Biochem*, **75**：2288-2292.

12) T. Kondoh, T. Matsunaga et al. (2012). Experience-based Enhancement of Preference for Dried-bonito Dashi (a Traditional Japanese Fish Stock). *Chem Senses*.
doi：101093/chemse/bjs091.

# 6 だしの社会学

## 6.1 うま味調味料・風味調味料

### 6.1.1 うま味調味料

#### a. うま味調味料とは

うま味調味料とは，うま味物質であるグルタミン酸や核酸（イノシン酸，グアニル酸，合わせてリボヌクレオチド（リボヌクレオタイド））などを，水に溶けやすい形で商品化したものである．ほとんどの場合，グルタミン酸ナトリウムやイノシン酸ナトリウム，グアニル酸ナトリウムなどのナトリウム塩となっている．料理にうま味を加えるために用いられる．グルタミン酸と核酸を合わせると「うま味の相乗効果」を示すので，家庭用商品の多くのものにはグルタミン酸ナトリウムを主成分として，イノシン酸ナトリウムやグアニル酸ナトリウムが数%含まれている．加工食品に使用される場合は，グルタミン酸ナトリウム単独の場合は“調味料（アミノ酸）”，核酸単独の場合は“調味料（核酸）”と表示され，グルタミン酸ナトリウムに核酸も含まれる場合は“調味料（アミノ酸等）”と表示される（表 6.1）．

うま味調味料は，1909 年の発売開始より，すでに 100 年以上継続して生産・販

**表 6.1** うま味調味料の成分と表示法

| うま味物質 | 分　類 | 表　示 | |
|---|---|---|---|
| グルタミン酸ナトリウム | アミノ酸 | 調味料（アミノ酸） | 調味料（アミノ酸等）* |
| リボヌクレオチドナトリウム（イノシン酸ナトリウム、グアニル酸ナトリウム） | 核酸 | 調味料（核酸） | |

*リボヌクレオチドナトリウムを含むグルタミン酸ナトリウムの場合.

売されている．その量は200万t/年を超えており，今も年々成長している．現在，国内での販売量はむしろ後述の風味調味料が主体であるが，一方でうま味調味料は東南アジアを中心とする世界100か国以上で広く使用されている．

グルタミン酸や核酸は，生物の体内にもともと存在している物質である．グルタミン酸はアミノ酸の一種なので，主にタンパク質の構成成分として存在している．人間の身体で最も多い成分は水分（約60%）であるが，それに次いで多いのがタンパク質である（約20%）．代表的なものにアクチン・ミオシン（筋肉）をはじめとして，コラーゲン（皮膚），ケラチン（毛髪），アルブミン・グロブリン（血液）などがあげられる．また，ペプシンやトリプシンなどの消化酵素や，インシュリンなどのホルモンもタンパク質である．もちろん，我々が日々食している植物や動物のタンパクにも含まれており，食事により摂取されたタンパク質は胃や腸で分解されてアミノ酸になり，我々の身体になっていく．一方の核酸は，DNAやRNAの成分であり，こちらも生体の重要な物質である．植物や動物も自身のDNAやRNAを持っており，我々は毎日の食事により，タンパク質と同様にDNAやRNAも摂取することになる．摂取したDNAやRNAは，核酸に分解されてから我々の身体になる．うま味調味料の成分であるグルタミン酸や核酸は，自然界に存在するものと全く同じ物質であり，うま味調味料は食事で摂取した動物や植物と同様に我々の身体の中で代謝される．

### b. うま味調味料の誕生と名称

うま味を発見した池田博士は，この新調味料を“味精”と呼んでいた．しかし，当時すでに，アルコールを酒精，サッカリンを甘精，デキストリンを糊精と呼んでおり，味精では薬品のような印象を与えるため商品名としては適当ではないと考え，創業者一家で協議し“味の元”という言葉が出された．しかし，元という字は踊りの家元などを連想させるとして，他の文字を用いることが議論され最終的に商品名が“味の素”と決定した．

しかしながら販売当初は，薬の小売店で委託販売してもらったが，これまでに類のない全くの新商品であったため，髪洗い粉や不老長寿の薬と間違われたこともあったという．そこで，その価値を認識してもらうために，新聞広告，当時は珍しかった乗用車での広告，社屋屋上でのイルミネーション，チンドン屋などの様々な宣伝活動を行い，だんだんと社会認知されるようになってきた．当時の宣伝文句は「ダシノ・オヤ玉・アヂノモト」であった.

池田博士が発見したうま味の調味料は,“味の素®”として発売され,一般に知られるようになってきたが,昭和30年代にテレビ放送が始まると,料理番組などで商品名ではない一般名を用いる必要が生じた.そのため,“化学調味料”という用語が使われ始めた.しかしながら,“化学”という用語が製品の特性(機能や用途)を表現しておらず,また,原料や製法について正確な理解が得られにくいことから,昭和60年代から“うま味調味料”の用語を用いることとなった.現在では,行政上もうま味調味料とされ,化学調味料という用語はJAS法など行政上の定義は存在しない.ただし,現在でも化学調味料という用語は一部で依然として使われており,その用語から,天然に存在しない物質と誤解している人や健康に悪影響を起こす懸念を持つ人も多い[1].

### c. 料理での活用法

うま味調味料は,料理にうま味を与えると同時に素材の持ち味を引き出し,全体の味を調和させる働きがある.その使用法は,だしの補いとしてスープ・味噌汁・鍋物・肉じゃがなどの料理に用いたり,チャーハン・野菜炒めなどの料理の仕上げに用いられるほか,種々の活用法がある.例えば,ハンバーグや餃子・唐揚げなどの料理の下ごしらえに用いると素材のうま味を引き立て味をまとめる効果がある.また,酢のものなどのつけだれやドレッシングにも用いられ,味をまろやかにまとめる効果がある.さらに,魚介類の下ごしらえに用いると生臭みを抑えることができるし,パスタや野菜の茹で汁に加えると素材のうま味を引き立てることができる.

また特筆すべきは,うま味を用いると塩味が強く感じられる効果があることである.料理の塩分を減少させても,薄味の物足りなさを感じにくくなる.したがって,うま味調味料を用いることにより,おいしさを保ったままでの減塩が可能となる.なお,グルタミン酸ナトリウムにもナトリウムが含まれるが,含まれるナトリウム量は食塩に比べて約1/3であり,料理での使用量を考えると,料理に含まれる量は食塩のナトリウムの1/20～1/30とずっと少ない.

### d. 安全性

うま味調味料であるグルタミン酸ナトリウムなどは,日本では食品衛生法では食品添加物の調味料に分類されている.同法に定められている安全性試験(毒性や発がん性など）の結果に基づき，厳重な審査を経て1960年に『第1版食品添加物公定書』に収載されている．

なお，うま味調味料には賞味期限は表示されていないが，長期保存をしても品質は変わらないことから，砂糖や塩などと同様に食品衛生法で賞味期限を表示しなくてよい調味料とされている．

国際的には，国連の国際食糧農業機構（FAO）と世界保健機関（WHO）による食品添加物専門家委員会（JECFA）が，1950年以降多くの食品添加物の安全性評価を行っているが，グルタミン酸ナトリウムおよびその他の塩類（1987年），イノシン酸やグアニル酸などの核酸類（1974年）に，安全な添加物であることがそれぞれ確認されている．さらに，1日の摂取許容量を制限する必要がなく，また，乳幼児についても大人と同じように代謝され安全であることが確認されている．また，アメリカ合衆国のFDAや欧州共同体（EU）でも食品科学委員会による安全性審議が行われており，ここでもうま味調味料の安全性が繰り返し確認されている．

安全性への懸念は，1969年の報告[2]が端緒になったと考えられる．ラットの新生仔に皮下注射あるいは強制的な経口投与により大量のグルタミン酸ナトリウムを投与すると脳視床下部神経細胞の一部に病変が起こることが報告された．この報告により，グルタミン酸ナトリウムが健康に悪影響を及ぼすのではと考えられ，その後多くの試験が行われた．その結果，この病変はマウスやラットなど齧歯類動物の新生仔に大量に与えた場合にのみ認められ，生後日が経つと病変は起きず，また，イヌやサルなどの高等動物では新生仔でも起きないことが確認された．また，通常の食事の摂取様式である自由摂取下（食餌あるいは飲水に混ぜて）では，最大1日あたり43 g/kg体重の摂取でも病変が起きないことが確認された．[3]

また，1968年にアメリカの科学者が，中華料理店で食事をした後の顔のほてりや頭痛，しびれなどの症状がグルタミン酸ナトリウムが原因ではないか，と科学雑誌に発表した．多くの臨床試験や疫学研究が行われ，これらの症状とグルタミン酸ナトリウムの摂取には因果関係がないことが科学的に示されている[4]．国連のJECFAもこれらの結果を慎重に審査して認めている．

### 6.1.2 だしの素・風味調味料[5)]

#### a. 風味調味料とは

うま味調味料は食品のうま味をつけることができるが，これらは単調なうま味であり，食品本来のおいしさにはならない．食品素材から溶出されるだしの成分は，うま味だけでなく香りなどの風味成分も抽出されるからである．うま味を付与することに加えて，鰹，昆布，貝などの風味が感じられるように調製をした顆粒状の調味料は，一般的に“だしの素”あるいは“風味調味料”と呼ばれる．うま味調味料が単味調味料であるのに対し，より簡単に調理に用いることができる．日本農林規格（JAS）では，風味調味料は和風だしの範疇に表6.2のように定義されており，風味原料を含んだものである．

風味調味料は，だしの素としてうま味調味料の簡便性と経済性をより進化させたものである．日本の食生活スタイルが変化する中で，家庭に広く浸透していったのである．一方，外食産業や給食は不特定・特定の多数の人に提供される料理であるが，作業効率やコストパフォーマンスの効率化だけでなく，品質の安定性が強く要求されるため，この領域でも風味調味料の活用は大きく進展してきた．『酒類食品統計月報』によると，うま味調味料生産額（2014）が約52,000百億円に対し，約61,000百億円であり，うま味調味料よりも多く使用されているということができる[6)]．

#### b. 風味調味料の原料

風味調味料には，それぞれの役割を持つ種々の原料が使用される（表6.3）．調味機能の付与（食塩・砂糖類・有機酸・グルタミン酸などのアミノ酸，核酸），風味・コクの付与（酵母エキス，肉・魚や野菜などのエキス，肉や大豆などのタンパク分解物など），香りの付与（香味野菜や節粉・油脂類など），賦形剤（乳糖・

**表6.2** JAS法で定義された風味調味料

| 用　語 | 定　　義 |
|---|---|
| 風味調味料 | 調味料（アミノ酸など）および風味原料に砂糖類，食塩など（香辛料を除く）を加え，乾燥し，粉末状，か粒状などにしたものであって，調理の際風味原料の香りおよび味を付与するものをいう． |
| 風味原料 | 節類（かつお節など），煮干魚類，こんぶ，貝柱，乾しいたけなどの粉末または抽出濃縮物をいう． |

**表 6.3** 風味調味料の原料と役割

| 役　割 | 成 分 例 |
|---|---|
| 調味機能 | 食塩，砂糖類（砂糖，ブドウ糖，果糖など），有機酸（クエン酸など），アミノ酸（グルタミン酸ナトリウムなど），核酸（イノシン酸ナトリウム，グアニル酸ナトリウムなど） |
| 風味・コク | エキス類（肉エキス・野菜エキス・酵母エキスなど），HVP（hydrolyzed vegetable protein），HAP（hydrolyzed animal protein） |
| 香　り | 香味野菜（和・洋・中でそれぞれ異なる野菜），ミートパウダー，鰹節パウダー（節粉），油脂類 |
| 製造適正 | 賦形剤（乳糖・デキストリンなど） |

デキストリンなど）が使用される．酵母エキスは，コク味が強く，風味強調物質（フレーバーエンハンサー）の機能も持っている．HVP や HAP と呼ばれるのはアミノ酸混合物として比較的安価に利用できる物質であり，HVP は野菜のタンパク加水分解物であり，HAP は動物のそれである．

### c. 洋食だし・中華だしの調味料

JAS 法では風味調味料という用語は和風だしの範疇に定義されるが，実際には和風のだし以外に西洋や中華のだしの調味料も多く市販されている．

西洋料理では，だしはスープストックと呼ばれる．コンソメとブイヨン，洋風調味料として家庭で用いられる．食品衛生法で定められる表示品名には，乾燥スープ（コンソメ），ブイヨン（洋風だし），フォン・ド・ヴォー（洋風煮込み料理用だし），などが用いられている．粉末，顆粒，固形（キューブ）などの形態が多い．日本では，戦後昭和 30 年代頃から種々の会社が固形スープやブイヨンキューブを発売し，昭和 30 年代後半のスープ製品自由化で世界的有名ブランド製品の輸入も始まった．現在は，家庭用コンソメ・ブイヨンの市場は 90 億円程度の規模である．

一方，中華だしは，チキンエキス，ポークエキスであり，肉や骨からの抽出物である．中華料理のだしである湯（たん）の機能に調味機能も付与した中華だしの素が最初に登場した．チャーハンなどの炒め物，煮物，スープなど汎用性が高い 1990 年頃に登場した鶏がらスープの素は，だし原料の鶏がらに限定してスープ用途により適したものになっている．粉末や顆粒状のものが多いが，油脂分に粉末調味料を練りこんだペースト状のものも近年販売量が伸びている．

### 6.1.3　進化するだし調味料

先に述べたように，簡便性と経済性を満足させた風味調味料の出現は，日本のだし文化を大きく展開させた．しかしながら，さらに生活スタイルが変化し，調味料には，より簡便性が求められるようになってきた．例えば，和食の味つけには，めんつゆが用いられるようになってきた．めんつゆの本来の主用途はそば，そうめん，うどん用のつゆであるが，だしの素に加えて醤油やみりんも配合されていることから，簡便であるため，煮物などにも用いられる．なべつゆも最近非常に多く用いられるようになってきている．

コンソメやブイヨンを用いた製品としては，さらに，お湯を注ぐだけで手軽にスープができるカップスープも広く用いられており，忙しい朝食や昼食を中心に利用されている．

中華料理には，オイスターソース，豆板醤，甜麺醤，豆鼓醤など独特の調味料も多いため，家庭で本格的な中華料理を作るのは難しい．他の調味料や副原料もすべて含まれている合せ調味料もあり，素材に加えるだけで本格的な中華料理が簡単にできるので，よく用いられている．ライフスタイルの変化に呼応して，基礎的・素材的調味料から，惣菜用調味料やメニュー対応調味料など二次加工した調味料へと進化してきているのである．

文　献

1)　うま味調味料協会 HP.　https://www.umamikyo.gr.jp/index.html
2)　J. W. Olney (1969). Brain Lesions, Obesity, and Disturbances in Mice Treated with Monosodium Glutamate. *Science*, **164** : 719-721.
3)　Y. Takasaki (1978). Studies on Brain Lesions after Administration of Monosodium L-Glutamate to Mice. II. Absence of Brain Damage Following Administration of Monosodium L-Glutamate in the Diet. *Toxicology*, **9** : 307-318.
4)　RS. Geha, A. Beiser et al. (2000). Multicenter, Double-blind, Placebo-controlled. Multiple Challenge Evolution of Reported Reactions to Monosodium Glutamate. *J Allergy Clin Immunol*, **106** : 973-980.
5)　熊倉功夫，伏木　亨監修 (2012). だしとは何か, pp. 159-190, アイ・ケイコーポレーション.
6)　酒類食品統計月報, 2014 年 1 月号, p. 23.

## 6.2　うま味調味料の生産方法

池田菊苗はうま味物質グルタミン酸を昆布の抽出液から発見した．しかし，うま味調味料として工業化するために，大量に入手可能である小麦を原料にして分解・抽出する製造が開始された．その後生産量の拡大とともに，合成法や発酵法による製法開発が行われた．特に，糖蜜などを原料にしてグルタミン酸を生産する微生物が探索・発見され，現在ではほぼすべてのグルタミン酸ナトリウムが発酵法で生産されている．一方，グルタミン酸との相乗効果を持つ核酸系のうま味物質も工業的に生産されている．核酸系のうま味物質の製造方法は，酵素法・二段階発酵法・直接発酵法の 3 種類の方法が共存している．グルタミン酸発酵（アミノ酸発酵）・核酸発酵は，応用微生物学で長年にわたって日本が世界をリードしてきた分野であり，産学共同の成功事例として日本のバイオ研究およびバイオ産業の発展に大きく貢献してきた．

### 6.2.1　うま味調味料の誕生

うま味物質を発見した池田菊苗は，ライプチヒ大学に留学した際にドイツ人の体格の良さに圧倒され，日本の発展のために必要であると国民の体格向上および栄養改善についても考えるようになった．そしてうま味物質の発見を成し遂げて，さらにうま味調味料の開発・商品化への道を模索したのである．池田は昆布から抽出することによりうま味物質であるグルタミン酸を発見した．しかし工業的に生産するためには，昆布から抽出する方法ではとても無理である．例えば，100 g のうま味調味料を作るためには 50 kg もの昆布が必要となる．そこで，工業生産に適した原料として小麦や大豆を原料とすることを考えついた．グルタミン酸がアミノ酸の一種であることから，小麦や大豆のタンパク質を加水分解してアミノ酸の混合物を得，そこからグルタミン酸を抽出するという方法である．池田はその方法を発明し，1908 年 4 月 24 日に「グルタミン酸塩ヲ主要成分トセル調味料製造法」として特許出願した．そして，味の素(株)の創業者である鈴木三郎助はこの発明の特許権を池田菊苗との共有とし事業化に乗り出し，1909 年に世界で初めての商品を発売した（図 6.1）．

図 6.1 発売当初の“味の素”

### 6.2.2 研究室から工場へ

“味の素”の発売当初は，グルテンという小麦のタンパク質が原料として使われていた．このグルテンにはその構成成分としてグルタミン酸が大量に含まれているのである．グルテンを塩酸で煮て分解し，そこからグルタミン酸を取り出すのが分解抽出法である．分解抽出法は強い塩酸を使うので，工場で生産する場合には容器や施設が腐食してしまうことが最大の問題であった．池田は大学の研究室でグルタミン酸の生産方法を発明したが，研究室の実験と工場での大量生産とでは，必要な設備などは当然大きく異なってくる．例えば，塩酸が使える材料として実験室ではガラスのフラスコなどを用いるが，簡単に割れてしまうガラスでは工業化には適していない．一方，当時は塩酸を使って分解するというような工業は世界中にも例がなかったので，工場の設備については試行錯誤を繰り返しながら作り出していく必要があったのである．金属や合金は塩酸で溶けてしまうので使うことができない．また，高級な磁器の甕も試されたがすぐに割れてしまい，これも使うことは不可能であった．いろいろと試した結果，道明寺甕という愛知県常滑市で作られている粘土製の甕が値段も安く壊れにくいことを発見し，この甕を使って生産が始まったのである（図 6.2）．

なお，分解抽出法の原料として小麦のグルテンを用いるには，小麦からグルテンを取り出す際に大量のデンプンが副産物として得られる．また，脱脂大豆を用いる場合には，大豆油が副産物として得られることになる．分解抽出法でグルタミン酸ナトリウムを生産する場合は，デンプンや油脂，また塩酸分解物からグル

図 6.2　道明寺甕による工場でのグルタミン酸の製造

タミン酸を取り上げた残りのアミノ酸液などについても，それぞれ商品として事業化していくことが必要になっていた．

### 6.2.3　合成法による製造方法の開発

分解抽出法は，その後も生産効率化のために多くの改善がされてきたが，さらに大量に生産するには根本的に問題があった．例えば，原料が輸入農産物であることから原料コストが安定しない，塩酸を用いるため作業環境が悪く，また設備が腐食し補修が避けられない，大量の副生物が得られるため生産拡大すると副生物の販売拡大が必須になる，などの多くの問題点があったのである．そこで，新製法の開発に向けた検討が 1950 年頃からなされてきた．

新製法の一つとして，合成法も検討された．原料はアクリロニトリルというもので，アクリル繊維などの原料にもなっている物質である．この合成法によるグルタミン酸ナトリウムの製法は 1962 年に開発され，1973 年まで約 10 年間実際に生産されていた．合成法で生産されたグルタミン酸ナトリウムの安全性については，抽出法や発酵法で製造したものと全く同様であることが確認されている．しかしながら，原料の安定供給や重装備な生産設備の必要性など，大量生産するには発酵法の方がより高い優位性があるため，現在では合成法での生産は行われていない．

### 6.2.4　発酵法による製造方法の開発

発酵法とは，微生物の力を借りて有用な物質を生産することである．味噌，醤油，お酒，納豆，ヨーグルトなどは発酵で得られる食品である．もし，糖からグルタミン酸を生産する微生物を見つけることができれば，グルタミン酸を簡単に効率よく生産できるようになると考えられる．

グルタミン酸を作る発酵菌は自然界から探索された．自然界には多種多様な微生物が存在しているので，その中から有用な微生物を探すのである．グルタミン酸生産菌を見つけ出して発酵法によるうま味調味料の生産に初めて成功したのは，1957年の協和醱酵工業(株)(現在の協和発酵バイオ(株))の鵜高と木下であった．彼らは，探索の方法を工夫し，グルタミン酸要求菌（生育にはグルタミン酸を必要とする）を用いてその生育を指標にグルタミン酸生産菌を見出した[1]．見出された生産菌は *Corynebacterium glutamicum* という微生物であり，現在でもほぼすべてのグルタミン酸はこの種に属する菌株を用いて生産されている（図6.3）.

発酵法によるうま味調味料（グルタミン酸ナトリウム）の生産方法を図6.4に示した．糖蜜を主とする原料液にグルタミン酸生産菌という微生物を加え，培養するとこの液の中で糖からグルタミン酸ができる．培養とは，微生物が最も働きやすいように温度，pH，空気量などの条件を整えて，その環境で微生物を生育させながら目的のモノを作らせることである．培養により生成したグルタミン酸を結晶として沈殿させ，水酸化ナトリウムを加えて中和させることにより，グルタミン酸ナトリウムができるのである．

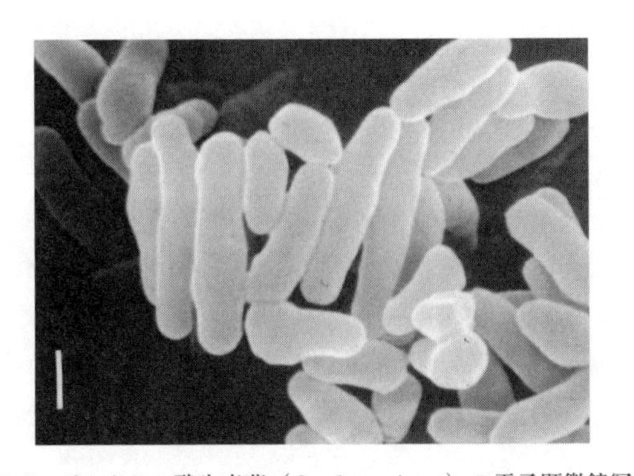

図6.3　グルタミン酸生産菌（*C. glutamicum*）の電子顕微鏡写真

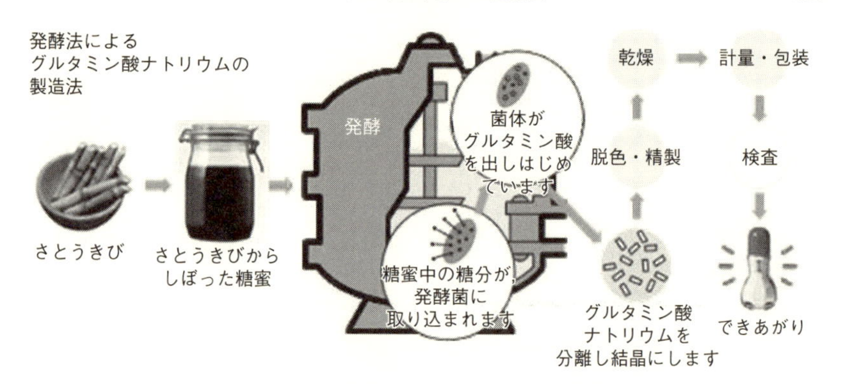


**図 6.4** 発酵法によるグルタミン酸ナトリウムの製造工程

この発酵法は，特殊な設備を必要とせずにうま味調味料を大量に安定して生産でき，コストが低く，しかも副生産物が少なくて収率が良い方法であり，画期的な新技術である．発酵法の誕生により，コストが安くなるとともに生産レベルは飛躍的に向上した．

### 6.2.5 現在の世界各地での生産状況

現在，世界中で発酵法によりうま味調味料の生産が行われている．タイ，ベトナム，マレーシア，インドネシア，中国，アメリカ，ペルー，ブラジルなどで生産されている．生産方法は発酵法であり基本的には図 6.4 の通りであるが，それぞれの国ではその国の農作物を主な原料としている．代表的な原料はサトウキビの糖蜜であるが，その他にもサトウダイコンの糖蜜や，トウモロコシ，キャッサバ（タピオカデンプンの原料となる芋），サゴヤシなどのデンプンを糖化して用いる場合もある．その土地にあった原料からうま味調味料が作られているのである．(図 6.5)．現在では，グルタミン酸ナトリウムは世界の 100 以上の国や地域で販売されている，生産量も世界全体で 200 万トン以上であり，今も毎年増加を続けている（図 6.6）.

### 6.2.6 核酸系調味料の製造方法

うま味調味料はグルタミン酸ナトリウムだけでなく，核酸系の調味料（5' イノシン酸ナトリウム（5'-IMP），5' グアニル酸ナトリウム（5'-GMP）；合わせて 5'

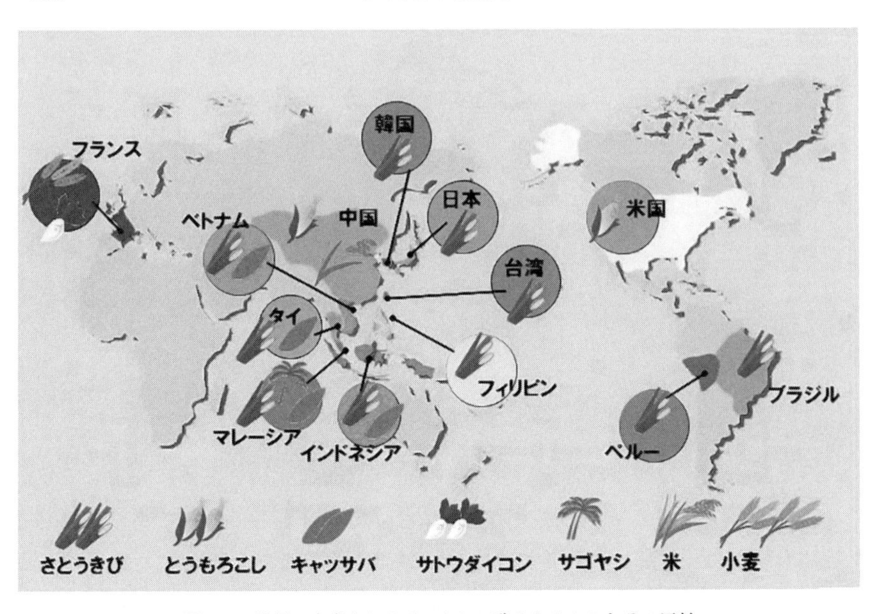


図 6.5　世界で生産されるグルタミン酸ナトリウムとその原料

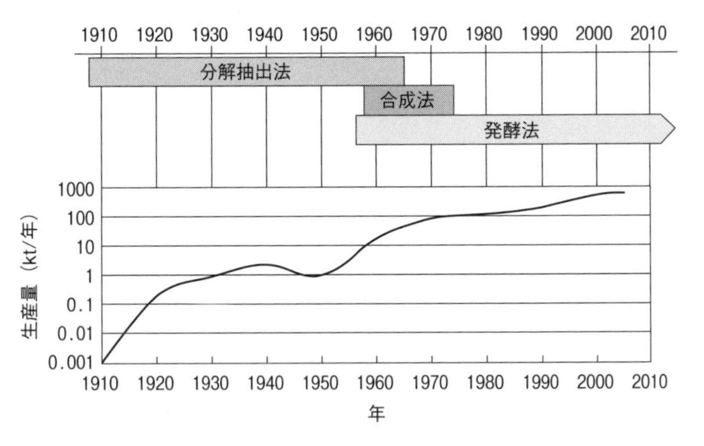


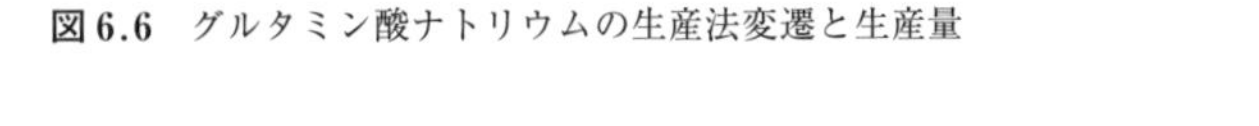

図 6.6　グルタミン酸ナトリウムの生産法変遷と生産量

リボヌクレオタイドナトリウムと呼ばれることもある）も工業生産されている．うま味には相乗効果が知られており，グルタミン酸単独でもうま味を呈するが，核酸系の物質が共存するとうま味強度が最高で数十倍まで増大する．したがって，

**表 6.4** 核酸（呈味ヌクレオチド）の製造方法

| 製造方法 | 酵素・微生物など |
|---|---|
| 酵素法 | 5'-ホスホジエステラーゼ（*P. citrinum, S. aureus* など） |
| 二段階法（ヌクレオシド発酵+リン酸化法） | （ヌクレオシド発酵）*Bacillus* 属菌<br>（リン酸化）酸性ホスファターゼ（腸内細菌群）<br>または化学的リン酸化 |
| 直接発酵法（IMP，XMP + GMP 変換） | *C. ammoniagenes* |

核酸系のうま味調味料を製造しグルタミン酸と合わせて利用することにより，その数十倍量のグルタミン酸を製造するのと同じ効果が得られるのである．日本で現在市販されているうま味調味料には，この核酸系のうま味調味料が数%～10%程度混合されている場合が多い．

核酸系調味料の製造方法は，現在でも三つの方法が混在している（表 6.4）．最初に開発された方法は，酵母抽出 RNA を原料として分解する酵素法である．国中らは RNA を 5'-ヌクレオチドに分解する酵素（5'-ホスホジエステラーゼ；ヌクレアーゼ P1）を探索し，1959 年 *Penicillium citrinum* に見出した[2]．その後，*Streptomyces aureus* などからもこの酵素が見出された．ただし，抽出分解法は大量生産には適しておらず，現在の生産法の主流は発酵法である．

核酸発酵法は，二段階法が広く用いられている．まずヌクレオシドと呼ばれるリン酸化されていない前駆体（イノシン・グアノシン）を発酵で生産し，次にそのヌクレオシドをリン酸化してヌクレオチドを得る方法である．ヌクレオシドの発酵菌は，*B. subtilis* など *Bacillus* 属菌株を用いて育種されてきた．二段階目のリン酸化反応についても，当初は化学的方法が用いられていたが，最近では腸内細菌群から取得した酸性ホスファターゼを用いたリン酸転移反応による方法が開発されている[3]．

一方，リン酸化物であるヌクレオチドの直接発酵法も開発されている．1968 年に *Brevibacterium ammmoniagenes*（現在の *Corynebacterium ammmoniagenes*）のアデニン要求株を培養 $Mn^{++}$ 濃度を調節することにより，5'-IMP を多量に蓄積することが見出された．その後マンガン非感受性株を取得しマンガン過剰存在下での 5'-IMP 生産に成功した．一方，5'-IMP 生産株から誘導した 2 株（5'-XMP

(キサンチン) 生産株と，5'-XMP → 5'-GMP の変換株) を混合培養することにより 5'-GMP 生産が報告されている[4].

### 6.2.7 日本が世界をリードしてきたうま味調味料の製造方法

本章で記述したアミノ酸発酵・核酸発酵は，応用微生物学で長年にわたって日本が世界をリードしてきた分野である．協和醗酵工業(株)による発酵法によるグルタミン酸ナトリウムの生産法開発に続き，味の素(株)も含め多くの日本の会社が技術開発を進めてきた．

発酵法を開発し改良を続けていく中で，有用微生物の自然界からの分離法，微生物の改変，培養・精製などの幅広い知見と技術が蓄積されてきた．また，グルタミン酸発酵を出発点として他のアミノ酸の発酵による製造法も次々に開発され，飼料用アミノ酸やスポーツサプリメントなどアミノ酸産業が大きく発展した．日本発世界レベルでの産学共同の成功事例であり，企業が大学の知識と技術をいち早く導入することにより，産業的に大きな成功を収めたが，一方では製造法開発・改良を進める中で微生物の物質代謝における調節機構の存在を示すなど，基礎的な代謝生化学にも大きな貢献があった． **[外内尚人]**

**文　献**


1) S. Udaka (1960). Screening Method for Microorganisms Accumulating Metabolites and Its Use in the Isolation of *Micrococcus glutamicus*. *J Bacteriol*, **79**：754-755.
2) 國中　明 (1960). 核酸関連化合物の呈味作用に関する研究. 農芸化学会誌, **34**：489.
3) 三原康博 (2007). 変異型酸性ホスファターゼによるヌクレオシドリン酸化反応. 生物工学会誌, **85**：397-399.
4) 相田　浩 (1983). 微生物工学—基礎と応用 (日本醗酵工学会編), pp.154-159, 産業図書.

# 7 だしの教育学

## 7.1 大学での取組事例

2005年，内閣府により食育基本法が制定されて以来，幼稚園から小・中学校を中心に全国規模で食育が積極的に推進されてきている．その方法も，栄養バランスのとれた食事指導を中心としながら，地域の食や食文化，食材流通から消費に至るまでのプロセスなどを通じて，食の大切さを教えるといった，工夫に富む独自性のある授業が展開されている．味覚や嗜好という観点から食育を行っている現場も増えてきているようである．

筆者らは食育世代ではない大学生（2008年当時として）に対し，食の教養授業としてだしの味わい体験を行ってきた．本節では大学における食教育の事例として，これまで国内・海外にて実施されただし体験プロジェクトの取り組みを紹介するとともに，だし体験が大学生に及ぼす効果とその意義について述べる．

### 7.1.1 本物のだしを味わうことは教養である―大学におけるだしの体験プロジェクト

和食のおいしさとその伝統文化を伝える試みとして，京都大学では農学研究科の教員が中心となり，NPO法人日本料理アカデミーに所属する京都の料亭の料理人と京都大学生協の協力のもと，2008年より大学生に料亭のだしを体験させるプロジェクトが行われている．毎年2日間，約200名（1日100名）の大学生や大学院生を対象として，10店（1日5店）の料亭が鰹と昆布の合せだしについて実演講義を行う．プログラムは，料理人によるだしについての講義（約20分）と，実際に学生の目の間でだしをひいていく（京都ではだしをとるではなく，だしを

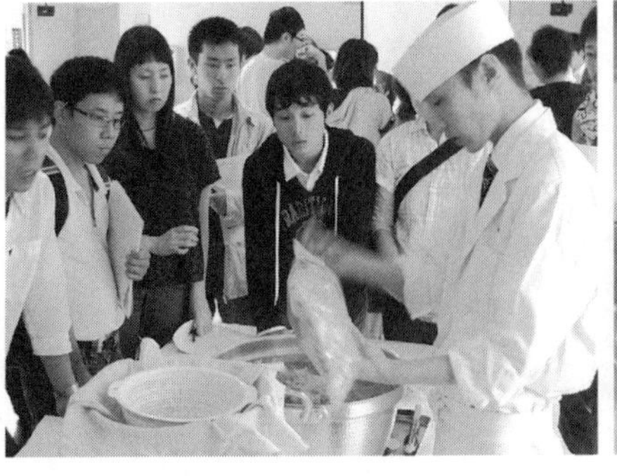

図 7.1　京都大学におけるだしの味わい体験イベントの様子（筆者撮影）

ひくと表現する）実演（約 1 時間）から構成されている．まず講義では，だしの素材として使われる昆布や鰹節の製造工程，京料理におけるだしの重要性についての解説がなされる．また，京野菜農家の現状や日本食文化の伝統維持と 1 次産業活性化の関係などにも触れ，広い視点で食を考えなおす啓発的な内容となっている．講義ののち，学生らは約 20 名ずつに分かれて各料亭のだしのひき方実演を見学する（図 7.1）．実演の流れとして，まずは昆布だしの味わいを体験する．次に料理人が大量の鰹節を昆布だしに加えると，会場中にだしの香りが広がり，その中で学生らは鰹と昆布の合せだしの増幅されたうま味を経験する．さらに，うすくち醤油や塩などで味を調えた吸い地，吸い口や椀種を入れて完成された吸い物と，味わいの変化を順に体験していく．京都の料亭で使用されている昆布はそのほとんどが利尻昆布であり，本実演においてはその中でも最高級に位置づけられる利尻島・香深浜の蔵囲い昆布を用いている．昆布だしに合わせる鰹節（鮪節の場合もある）の種類や量は料亭ごとに異なる．

だしの味わい体験が，学生の食に対する意識に与えた影響について，プログラム終了後に行った学生へのアンケート調査の結果を表 7.1 ～ 7.3 に示した（2012 ～ 2014 年度のアンケート回答分より抜粋）．日本料理や京料理に対して学生が持つ印象は，味だけでなく，見た目の美しさや器にもこだわり，素材を活かす料理であることなど，日本料理の特徴をよく捉えており，若い世代にも十分に日本料理の価値は認識されていることがわかる．また，健康的，薄味，量が少ない，肉を使わないなど，日本料理は健康的であるというイメージが浸透している．

**表 7.1**　日本料理・京料理に対する学生のコメント

1. 材料にこだわりがあり，味だけでなく見た目も美しい
2. 器が盛り付けの重要な要素にもなっている
3. 素朴な感じ，素材そのものの味を楽しめる
4. 日本建築のようである
5. 色がきれい，香りが良い，美しい，五感で感じる料理
6. 値段が高い，高級，手軽に食べに行けない
7. シンプル，素材を活かしている
8. 健康的，薄味，優しい味，ほっとする味
9. 自分で作るのが難しい
10. 肉を使わない
11. お腹いっぱいにならない．1つ1つの量が少ない
12. 上品，華やか，非日常にあるもの

(2012 ～ 2014 年度アンケート調査結果より抜粋)

**表 7.2**　本企画はどのように興味深いものであったか？

1. 日本のだしには非常に奥深い世界観が詰まっている
2. だしを外国人に説明できるようになった．だしのみに焦点をあてたイベントはなかなか出会えないので貴重
3. だしは日本の誇る食文化であることを知った
4. 正しく「うまい」というものに触れられ，本物のうまさを学ぶことができた
5. 昆布と鰹節のだしをとった段階でこんなに美味しいのかと驚いた．また，各店で味わいが大きく違い面白いと思った
6. 普段味わえないものを説明つきで解りやすく教えていただき，まさに教養
7. 食に関する知識を持っておくことの大切さがよくわかった．芸術と深いところでつながっていることを理解
8. 知識＋実際の味で，すごく印象的な「講義」であった
9. 知っているつもりでいた知識を深めることができ，知識欲，食欲の両方を満たすことができた
10. 良いものを知っていることが教養であるという考えに納得できた
11. 日頃接することのできない「味の文化」を言葉や文字だけでなく教えていただけた
12. 食べ物を味わうということを理解できた

(2012 ～ 2014 年度アンケート調査結果より抜粋)

表 7.2 および 7.3 に示す通り，だしの味わい体験は参加した学生ほぼ全員にきわめて良い印象を与えているようである．味の基準を知ることができた，だしをひく基本的な手順を知ることができた，だしの奥深さに感動した，味わいを経験することの重要性を感じたといった意見が多く認められた．

だしの味わい体験は，日本料理のおいしさを再認識させ，その存在意義を改めて考えさせる．自身の食生活のあり方を，健康面や栄養バランスのみならず，日

**表 7.3** だしを味わった学生の感想

1. 1つ1つに細かい理論があり，絶妙な組み合せで独自の味に仕上がっていることに感動した
2. だしの香りで生活を感じられるような文化をもっていることを誇りに思うべきである
3. すべてに違うだしの味があり自分の味覚の好みを発見できたことが収穫であった
4. 家庭で取るだしより圧倒的に洗練された印象で渋みや苦味などの五味についてあらためて学ぶことができた
5. 市販のだしは味が濃すぎてしっくりこなかった．今回を通じて自分に合う味を見つけることができた
6. 本だけでは理解できにくい味の部分を実体験できたことに感動した
7. だしは地味で目立たないが，料理の中心にあって各お店の特徴を決める要素であることに驚いた
8. 素晴らしい味と香りに安らいだ気持ちになった
9. どれも優劣つけがたい素晴らしいだしの味わいで「だしに正解はない」ということを知った
10. 見た目も味も透き通っているが，うま味がとても強かった．貴重な体験になり，本物の味を経験できて感動した
11. 素晴らしいバランス感覚，味をまとめあげる技術．昆布と鰹の役割分担と調和が様々な形で体現されている
12. パンチのある味ではないが，喉の奥で身体にしみ入り忘れることのないような味．早速家で挑戦したい
13. 本物のだしは深遠で縦にも横にも広がる感じがあり，飽きることがない．料理の基礎となるというのは本当だと思った
14. だしだけでこんな違いがでるとは思いもしなかった．この経験を今後の自分の味作り，舌作りに生かしていきたい

(2012 ～ 2014 年度アンケート調査結果より抜粋)

本食文化や伝統食継承といった側面からも考察する機会となっており，成人した世代に対する食教育として有効であると思う．

### 7.1.2 タイ・カセサート大学だし体験イベント—東南アジアにおけるだしの体験プロジェクト

食品産業や外食産業の流入による食の欧米化・多様化とそれに伴う伝統的な食の衰退は，日本のみならず，アジア全体に広がる共通の問題であると捉えられる．7.1.1 項に示したように，国内における大学でのだし体験が，味わいを伝えるにとどまらず，伝統的な食文化継承や食生活の見直しを認識させる好機となっていることから，海外（東南アジア）に向けても同様の取り組みを展開している．国内でのだし体験事業開始の翌年（2009 年）より，京都大学農学研究科・食の未来戦略講座（味の素寄附講座，2012 年 9 月で終了），同大学農学研究科，同大学東南アジア研究所の共催で，NPO 法人日本料理アカデミーに属する 3 名の料理人

**図 7.2**　タイ・カセサート大学におけるだしの味わい体験イベントで日本のだしを見学する大学生・教員ら（筆者撮影）

（一子相伝なかむら・中村元計氏，木乃婦・髙橋拓児氏，直心房さいき・才木充氏）の協力を得て，タイのバンコクにあるカセサート大学で開催，現在も年に一度継続的に行っている（図 7.2）．先述の大学でのだし体験同様，講義と実演で構成しているが，海外向けの講義では，アジア諸国における食の欧米化と肥満や生活習慣病の関係性，伝統食継承の意義を生理的な側面から解説する．講義後には，国内事業と同様にだしの味わいを体験してもらう．毎年，カセサート大学の農学・家政学・日本語学科の学生や教員約 70 名が参加している．タイでは，魚介類をベースにした調味料を料理に用いることも多く，鰹節と昆布のだしの味わいに対してもさほど抵抗はない．近年のタイにおける和食ブームも相まって，ほとんどの参加者は日本のだしをおいしいと感じている（アンケート調査より）．うま味が豊かで香り高いだしの味わいを紹介し体験してもらうことは，日本料理への興味喚起にとどまらず，お互いの伝統的な食の継続意義や食生活のあり方について意見交換し，意識を共有する上で重要な役割を果たしていると思われる．

成人してからのだしの味わい体験は，幼少期における食育とはまた異なる効果を持つと思われる．だしを味わった時に，ほとんどの日本の学生がもらす最初の感想は，「ホッとする，懐かしい」である．香り高い洗練されただしの味わいを手がかりとして，懐かしい味わいの記憶をたどり，改めて日本料理のおいしさを再認識していく．だし体験は，ブースターショットのような効果を有している．たった 1 杯ではあるが，最高においしい本物のだしは次世代に日本料理の味わいを伝える最強のツールであると言えよう．

**［山崎英恵］**

## 7.2 料理人の取組事例

NPO法人日本料理アカデミー（理事長：村田吉弘・菊乃井主人）の「地域食育委員会」（委員長：園部晋吾・山ばな平八茶屋若主人）は，子供たちの和食離れを憂い，料亭の若手料理人や学識経験者とともに京都市教育委員会と連携して，2005年から「日本料理に学ぶ食育カリキュラム推進事業」を立ち上げ，現場の先生と協力して食育授業を行っている[1]．2011年から家庭科の『学習指導要領』にも明記され正規の授業として進められている．

本事業の食育カリキュラムでは，「味覚教育」「食材教育」「料理教育」の三つの柱を立て，これらを軸に，「生きる力」「感謝の気持ち」「他人への配慮・気遣い」など，料理人の思いを伝えている．本カリキュラムは，“日本料理を学ぶ”でなく，“日本料理に学ぶ”であって，日本料理を手段として，食べるということ，五感で味わうこと，感謝や気遣い，料理人の思いなどを伝える食育活動を行っている．対象年齢は幅広く，小学生高学年の児童を中心に保育園，中学，高校，大学，大人までを含む[2,3]．

次に，小学校での事例を紹介する．通常，授業は調理実習室で行う．子供たちとの会話を通して，子供たちに考えさせ，創造力を駆り立てながら授業を進めることが大切であると考えている．

### 7.2.1 五感を使って味わう

まず，だしを使って，我々は五感で味わっているということを理解してもらう．子供たちに「味ってどこでわかる？」と質問すると，ほうぼうから「舌！」という答えが返ってくる．「他には？」と尋ねると，しばらく沈黙した後，「鼻」と誰かが小さい声で言う．さらに聞くと「目」「耳」「歯」「口」「喉」「脳」「心」……といろいろな答えが出てくる．十分に出終わった後，さらに「目で味がわかる？」「耳で味がわかる？」を問うと答えが出なくなる．そこで，「では，舌でわかる味は？」と尋ねる．「甘い」「辛い」「酸っぱい」「しょっぱい」「苦い」「渋い」「旨い」などが出てくる．「旨い」は出てくるが「うま味」はなかなか出てこない．うま味まで出させた後，「この中で舌で感じることのできる味は，甘い・しょっぱい・酸っぱい・苦い・うま味の五つしかない，それを五味という」と話を進めていく.「辛い」や「渋い，えぐい」は，口の中の皮膚が感じていて，舌で感じる五味とは違うと伝える.

次に「リンゴの味はどんな味？」と問う.「甘い」「酸っぱい」「甘酸っぱい」子供たちから答えが飛び出す.「では，椎茸の味は？」と尋ねると，表現できない. リンゴや椎茸に限らず，舌でわかる味だけでは食べ物の味を表現できないということを理解させる．他に香り，視覚，聴覚，食感といった様々な要素が必要で，舌を含めたこれら五つの要素を五感といい，五感を使って初めて味がわかるのだということを伝える.

さらに，五感の中で味覚が一番鈍感で，おいしさやまずさの味の要素は，他の感覚で影響を受けることを，だし巻玉子を例に，「包丁で切ってきれいな器に盛り付けた」場合と，「目の前でグチャグチャにして汚い手で器に盛り付けた」場合では，味そのものは同じでも，食べた時の味が全く違って感じることを説明する. それから，実際に五感を使って“だし”を味わってもらう.

### 7.2.2　だしを味わう

使うだしは昆布だし，昆布と鰹節の合せだし（一番だし），味つけした合せだし（お吸い物のだし）の３種である．まず，大きな鍋に昆布だしを用意しておく．鍋の中が見えないようにしながら，試飲カップで子供たちに味わってもらう.「これは何のだし？」と尋ねると「海藻の臭いがする」「薄い」「味がしない」「水みたい」などいろいろな答えが出てくるが，最終的にはみんな「昆布の味」になっていく.「この味好きな人？」という問いに手を上げるのは，クラスで１人か２人である（図 7.3).

続いて鰹節も使って一番だしを作る．鍋を加熱して沸騰直前で昆布を取り出した後，鰹節を入れてすぐに火を止め，30 秒ほどで鰹節をろ過し一番だしを得る. 教室に鰹節の香りが広がる.「いいにおい」とクラスのあちこちで声が上がる．試飲してもらうと「おいしい」という声が半分以上になってくる.

最後にその一番だしに味をつける．塩と少量の淡口醤油を入れてみせた後，味わってもらう．ほとんどの子供たちの感想が「おいしい」「一番おいしい」に変わる.「何で味をつけたか？」と聞くと，塩と醤油と答えが返ってくる.「塩の味が

図 7.3　だしに使った昆布の紹介

図 7.4　子供が作ったお澄ましの味見

した人は？」を聞くと結構な手が上がる．「醤油の味がした人は？」には半分くらいの手が上がる．そこで「塩はたくさん入れたが，淡口醤油はほんの少ししか入れていない．私が醤油を入れるのを見ていたから，醤油の味を探しにいって，醤油の味がしている気になったのだ」と説明する．「目で見ることで味が変わる」ことを例にした，五感で味わう味覚教育である．また，塩と醤油で味つけした一番だしを具材の入ったお椀に注ぐと，「お吸い物」が完成することを伝える．和食の作り方の基本の一つは，だしであることも体得してもらう（図 7.4）．

### 7.2.3　だしと食材で料理

食材教育では，あまり手を加えないで食材そのものの味を子供たちに味わってもらい，どんな味がするのか，どこが食べられるのか，などを理解させる．ほうれん草，小松菜，菊菜，壬生菜，水菜など，一見似たような青菜でも味も食感も違う．「葉の方がやわらかい」「軸の方がシャキシャキして甘い」など，子供たちはいろいろなことを感じてくれる．

だしと食材を組み合わせると料理になる．大根の焚いたもの，ほうれん草のお浸し，茶碗蒸し，蕪蒸し，うどん，出し巻玉子など，小学校の家庭科では実習しないような難しい調理を，料理人が間に入って担任や保護者，栄養教諭，食育指導員（京都市が認定したボランティア）などに手伝ってもらいながら行う．その中で，盛り付け方，食材の扱い方，料理に対する思いや他人への気遣いを伝えていく．自分のグループで作ったものは，互いに交換して他のグループに食べてもらったりすると，他人への気遣い（もてなしの心）が一層深まる．

お浸しを使った実験では，一つは水と調味料，もう一つはだしと調味料で作っ

図 7.5　お浸しの味の違いを確認（筆者撮影）

た2種類のお浸しを食べ比べてもらう．調味料の量は同じだが，子供たちは前者の味が薄い，後者の味が濃くておいしいと感じる．だしを使うことによりうま味が加わり濃く感じる．つまりだしを使うことで，少ない調味料で味つけができるということがわかる（図7.5）.

### 7.2.4 私たちが伝えたいこと

生きる力：全世界の情報は家にいながらにしてインターネットで手に入り，自分の発信した情報は瞬時に全世界に飛ぶ．人は情報に自己の判断を委ねるようになる．だが，我々には五感がある．例えば賞味期限が切れているから捨てるのではなく，食品の色を見て，開けてにおいを嗅いで，少し口に入れてみて，食べられないと判断して食べるのをやめる．この食品の裏側を見ると賞味期限が切れているのに気づく．このように自分自身の感覚で判断できる子供に育っていってほしい．自分たちの身体に必要な食べ物は何なのかを自分たちで考えて食べる子供たちに育っていってもらいたい．

感謝の気持ち：「なぜ，いただきますというのか？」と尋ねると，子供たちからは「感謝」「命をいただくから」といった答えが返ってくる．近年は学校教育やメディアでもこうした事柄が取り上げられることが多い．感謝にも2種類あり，一つは「命」に対する感謝である．我々は命あるものを食べないと，自分たちの命をつないでいくことができない．だから，その食材の命に感謝して食べる．もう一つは，食材に携わったすべての人への感謝である．料理を作った人だけでなく，その食材を売った人，運んだ人，農家，漁師，たくさんの人の手を経て初めて料理ができる．だから，その人たちすべてに感謝して食べる．欧米では神に感謝して食事を始める．これは神様がすべての食材を与えてくださったからとの思いがある．日本人は食材そのもの，自然そのもの，そして携わってくれた人たちへ感謝してから，食事をいただく．

他人への配慮・気遣い：作る人は食べる人のことを考えて，また，食べる人は作ってくれた人のことを考えて食事をいただく．マナーやエチケットがあるのは，同席する人が不快な思いをせず，みんなで気持ち良く食事をするためである．

### 7.2.5　日本の食文化の継承

日本で生まれ育ったからには，日本の食文化を知っておく必要がある．食文化を知れば，そこから他の文化や伝統産業への理解にもつながる．お正月にはおせち料理やお雑煮を食べ，節分にはいわしや豆を食べる．また，お椀，お皿，お箸など和食器をはじめ，掛け軸，生け花，畳，障子などの和室空間やしつらえ，建物や庭に至るまで伝統産業と結びついて食文化を演出している．こうしたことを子供たちに伝え，次世代に残していきたい．

食べることは生きることである．食は命をつなぐが，それだけでなく，楽しむためにもある．人と人とをつなぐこともできる．食に関わる思いを継続して伝え続けていくこと，さらにそれを広げていくことは必要不可欠である．

子供たちに伝えるより，父兄・保護者に伝える方が効果があるとの意見もある．しかし，呼びかけて来てくれる保護者は，和食をよく知っている人たちで，本当に知ってほしい保護者は来てくれないケースが多い．授業ですべての子供たちに伝えれば，子供たちが家庭に戻って学校で感じた和食の魅力を家族に伝えてくれるであろう．このような地道な活動こそ大切だと思う．

昔から，食育は家庭で日常的に行われていた．それが本来の姿である．家族で食卓を囲んで団欒し，その食卓に和食がのぼる日常があれば，特別な食育は必要ない．将来，食育を家庭に返すことができた時，日本の食文化も風習・習慣も家庭に戻っていくだろう．その時まで我々料理人はこの食育活動を続けていこうと思う．

**[園部晋吾]**

#### 文　　献

1) 的場輝佳，園部晋吾ほか（2014）．小学校における“日本料理に学ぶ食育カリキュラム”—京都市教育委員会とNPO法人日本料理アカデミーとの連携．日本食育学会誌，**8**(2)：151-160.
2) 山崎英恵，鵜飼治二（2013）．“本物のダシを味わうことは教養である”京都大学におけるダシ事業紹介．日本調理科学会誌，**46**(3)：244-246.
3) 熊倉功夫監修，江原絢子編著（2014）．和食と食育，アイ・ケイコポレーション．

# 索　引

## あ　行



## か　行

## さ 行

## ま 行



## や 行



## ら 行



## わ 行

## 編者略歴


**的場輝佳**（まとば てるよし）

1942年　奈良県に生まれる
1972年　京都大学大学院農学研究科博士課程修了
1991年　奈良女子大学家政学部教授
2006年　関西福祉科学大学健康福祉学部教授
現　在　関西福祉科学大学健康福祉学部客員教授
　　　　奈良女子大学名誉教授
　　　　農学博士

〔主な著書〕
『情動と食』（朝倉書店，2017年）
『新しい食品加工学 改訂第2版』（南江堂，2017年）
『食物科学概論 改訂版』（朝倉書店，2014年）
『調理とおいしさの科学』（朝倉書店，1993年）

**外内尚人**（とのうち なおと）

1961年　東京都に生まれる
1986年　東京大学大学院農学生命科学専門修士課程修了
1986年　味の素株式会社入社
現　在　味の素株式会社バイオファイン研究所
　　　　農学博士

〔主な著書〕
『Amino Acid Fermentation』（Springer, 2017年）
『トコトンやさしい　アミノ酸の本』（日刊工業新聞社，2017年）
『Acetic Acid Bacteria : Ecology and Physiology』（Springer, 2016年）
『酢の機能と科学（食物と健康の科学シリーズ）』［共編］（朝倉書店，2012年）



食物と健康の科学シリーズ
**だしの科学**　　定価はカバーに表示

2017年5月15日　初版第1刷
2017年8月20日　第2刷

編　者　的　場　輝　佳
　　　　外　内　尚　人
発行者　朝　倉　誠　造
発行所　株式会社　朝　倉　書　店
東京都新宿区新小川町 6-29
郵便番号　162-8707
電　話　03(3260)0141
FAX　03(3260)0180
http://www.asakura.co.jp

〈検印省略〉





新日本印刷・渡辺製本

ISBN 978-4-254-43554-2　C 3361　Printed in Japan